Renate Frank

# Sonnen-uhren,

## die Geschichte(n) erzählen

GMEINER

Die DGC-Nummern bei den Sonnenuhren beziehen sich auf das
Archiv des Fachkreises Sonnenuhren der Deutschen Gesellschaft für
Chronometrie e. V. (gnomonica.de) beziehungsweise sind Dateinummern
(DN) im Katalog der Ortsfesten Sonnenuhren in Österreich.

Besuchen Sie uns im Internet:
www.gmeiner-verlag.de

© 2020 – Gmeiner-Verlag GmbH
Im Ehnried 5, 88605 Meßkirch
Telefon 07575/2095-0
info@gmeiner-verlag.de
Alle Rechte vorbehalten
1. Auflage 2020

Korrektorat: Isabell Michelberger
Layout/Herstellung: Laura Müller
Umschlaggestaltung: Susanne Lutz
Unter Verwendung von Fotografien von: © Michel Lalos (Cover)
und © Michael Jäger (U4)
Printed in Germany
ISBN 978-3-8392-2684-1

*Meinen Töchtern
Annette, Christine, Susanne,
die mich mit Hilfe und mit Ermunterung
unterstützt haben*

Als Gästeführerin habe ich sechsunddreißig Jahre lang versucht, Bewohnern und Besuchern Geschichte, Landschaft, Sehenswürdigkeiten und Schönheiten der Dreiländerecke Deutschland–Frankreich–Schweiz zu vermitteln. Im Rahmen von Führungen und Fortbildungen bin ich den Herren Studienprofessor Arthur Baumann (1922–1998) und Studienprofessor Heinz Schumacher (1909–1998) begegnet. Beide haben mein Interesse am Thema Sonnenuhren geweckt, es hat mich bis heute nicht losgelassen.

*Renate Frank*

Mitglied im Fachkreis Sonnenuhren
in der Deutschen Gesellschaft für Chronometrie e.V. (DGC)

# INHALT

# EINLEITUNG

Dass Gegenstände beziehungsweise Körper Schatten werfen, haben die Menschen mit Sicherheit früh erkannt. Sie haben auch wahrgenommen, dass diese Schatten im Laufe eines Tages und im Laufe eines Jahres ihre Länge und ihre Richtung ändern. Sich an diesen Veränderungen zeitlich zu orientieren, war ein weiterer Schritt. Beispielsweise bestimmte die Länge des Körperschattens den Zeitpunkt, zu dem man sich verabredete, sich traf. Um die Schatten sichtbar zu machen und für Zeitangaben zu nutzen, entstanden Sonnenuhren. Eine der ältesten gefundenen wurde auf ca. 1300 v. Chr. datiert. Anfangs waren die Sonnenuhren sehr schlicht und bestanden nur aus Schattenwerfer und Zifferblatt. Im Laufe der Zeit wurden sie mit Sinnsprüchen sowie mit Darstellungen ausgeschmückt. Wappen, Heilige, Symbole erzählen sowohl von der Geschichte als auch Geschichten. Während es zu Funktion und Konstruktion von Sonnenuhren umfangreiche Literatur gibt, finden die Darstellungen kaum Beachtung. Der Bedeutung einiger Abbildungen bin ich nachgegangen. Ich wünsche Ihnen beim Lesen und Betrachten so viel Freude, wie ich sie beim Entdecken und Schreiben hatte.

# AUSTRALIEN

## Eine Sonnenuhr aus Glasmosaiksteinen (Torquay)

Die Sonnenuhrenfreunde Brigitte und Peter Jacobs verbrachten 2007 ein halbes Jahr in Australien. Auf ihrer Reise durch das Land entdeckten sie am Strand von Torquay, Victoria, eine außergewöhnliche analemmatische Sonnenuhr (S 25°17′, O 152°52′). Torquay liegt an der Südküste Australiens, am östlichen Beginn der Great Ocean Road, und ist ein Stadtteil von Geelong. Auf Anregung des örtlichen Lions Clubs entstand dort 1996 mit Unterstützung einiger Sponsoren ein Kunstwerk aus

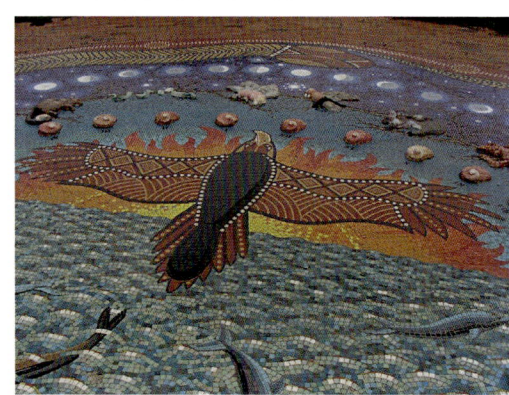

10

über einhundertzwanzigtausend Glasmosaiksteinen, einige Tierkörper sind plastisch gearbeitet.

Die Installation wurde von einheimischen Künstlern geschaffen und hat einen Durchmesser von nahezu acht Metern. Dargestellt sind Flora und Fauna der Gegend, Land und Meer, Sternbilder der südlichen Hemisphäre und Mondphasen. Ein Adler beherrscht das Bild. Er scheint aufs Meer hinauszufliegen. Auf seinem Rücken finden wir die Datumsskala, auf die sich der Betrachter je nach Jahreszeit stellt. Sein Körperschatten fällt auf Muscheln, die auf einer Ellipse Stundenpunkte von 6 Uhr bis 19 Uhr markieren.

Die Sonnenuhr ist nach Süden ausgerichtet, angezeigt wird in römischen Ziffern Australian Eastern Standard Time. Ungewohnt für den Besucher von der nördlichen Halbkugel: Die Sonne steht am Mittag im Norden und der Schatten wandert im Laufe des Tages im Gegenuhrzeigersinn von Westen nach Osten. Die Aborigines vom Stamme der Kooris, die seit mehr als 4.000 Jahren im Südosten Australiens gelebt haben, waren Sammler, Fischer und Jäger. So stellt ein Teil der Pflanzen und Tiere sicherlich deren ursprüngliche Nahrung dar. Darüber hinaus haben Tiere in Religion und Tradition der Kooris eine ganz besondere Bedeutung.

Dreamtime – Traumzeit, das ist die Vorstellung vom Ursprung allen Lebens. Dieses Leben in seinen Variationen entstand durch mythologische Schöpferwesen, die Mensch und Tier gleichzeitig sein konnten. An oberster Stelle steht Bunjil, symbolisiert durch einen Adler. Er schuf die Menschen – die Männer aus Ton, die Frauen aus Wasser – und brachte ihnen alle notwendigen Fähigkeiten bei. Er gab ihnen Werkzeuge, Waffen, religiöse Riten. Nachdem er Menschheit, Land und Gesetze geschaffen hatte, zog er sich in eine Höhle zurück und rief Bellin-bellin zu sich, die Moschuskrähe, Herrin der Winde, um mit ihrer Hilfe die Erde zu verlassen. Bellin-bellin öffnete ihre Windsäcke und Bunjil wurde mit seiner Familie in den Himmel getragen. Dort leben sie immer noch und sehen seither als Sterne auf die Menschen herab. Auf der Sonnenuhr sind die Milchstraße und folgende Sternbilder dargestellt: Plejaden oder Sieben Schwestern, Adler, Sirius, Alpha und Beta Centauri, Kreuz des Südens, Gürtel und Schwert-

gehänge des Orion. Eine weitere zentrale Figur der Traumzeit ist Mindii, die Große Regenbogenschlange. Sie erwacht, schiebt sich durch die Erdkruste ins Freie und beginnt ihre Wanderung über die Erde. Auf ihrem Weg erschafft sie das Wasser, die Flüsse und Seen. Alle Wesen teilt sie ein in die Guten, die die Gesetze befolgen und belohnt werden, und in die Bösen, die Gesetze brechen und in Steine verwandelt werden.

Sie verbreitete Angst; Tod und Krankheit gingen von ihr aus. Wenn sie sich einem Stamm näherte, zündeten die Menschen das Buschwerk an, ließen all ihre Habe zurück und flohen. Mindii wird nicht nur zweigeschlechtlich gesehen, son-

dern auch ambivalent. So gilt sie gleichzeitig als Schöpferin und als Zerstörerin, als Beschützerin des Volkes und als Rächerin der Gesetzesbrecher. Auf der Sonnenuhr ist sie in ihrer positiven Funktion dargestellt und schmiegt sich um Land und Meer, Tiere und Pflanzen, Mond und Sterne.

Die Aborigines kannten keine Schrift. Da alle Geschichten aus der Traumzeit nur mündlich von Generation zu Generation überliefert wurden, variieren sie inhaltlich. Auch die Namen der mythologischen Figuren sind unterschiedlich. Neben den beherrschenden Darstellungen von Adler und Riesenschlange auf der Sonnenuhr beleben die Tiere Australiens das bunte Bild: Känguru, Schnabeligel, Koala, Buntwaran, Schlangen, Delfin, Australischer Seelöwe, Fische und Vögel – darunter Rosakakadu und Kookaburra, der Lachende Hans.

In den nahezu dreihundert Sprachen und Dialekten der Aborigines findet sich keine Entsprechung für das Wort »Zeit«. Es scheint ein Widerspruch dazu zu sein, dass ich den Abschnitt über die Verflechtung von Mensch und Tier mit einem Zeitbegriff begonnen habe. Aber »dreamtime« meint eher einen Zustand, eine Erinnerung, nicht das, was uns moderne Menschen hetzt und antreibt.

TORQUAY ANALEMMATIC SUNDIAL

A PROJECT OF THE LIONS CLUB OF TORQUAY

COMPLETED 1996

OFFICIALLY OPENED BY
THE HON. PHILLIP GUDE M.L.A.,
MINISTER FOR EDUCATION
ON 15 NOVEMBER, 1996

# DEUTSCHLAND

## Eine bemerkenswerte Sonnenuhr (Augsburg)

Nördlich von Augsburgs Stadtmitte liegen die Kirche St. Stephan, das Benediktinerkloster und das Gymnasium bei St. Stephan (N 48°22′, O 10°54′). Wer in diesem Gebäudekomplex einen der Innenhöfe betritt, dem fällt an einer Westwand die außergewöhnliche Sonnenuhr auf (DGC 13368). Pater Gregor Helms, OSB, der am Gymnasium Mathematik, Physik und Astronomie unterrichtet, ist verantwortlich für Planung, Ausführung und Aussage der Uhr. Außergewöhnlich ist diese sowohl in Bezug auf die Gnomonik als auch auf das Thema der Darstellung. Das Zifferblatt hat Pater Gregor schon in seiner Studienzeit berechnet. Jahre später hat Stefan Kirstein, einer seiner damaligen Schüler, in einer Facharbeit im Leistungskurs Mathematik diese Berechnungen noch einmal aufgegriffen. Die Uhr geht auf die Minute genau und zeigt nicht nur die »normale« Winterzeit, sondern auch die Sommerzeit an. Ermöglicht wird diese Genauigkeit durch die exakte Berechnung (es wurden 174 Schattenpunkte berechnet), durch die Schattenwerfer, die aus zwei Kugeln bestehen und Schattenpunkte liefern, und durch die Stundenlinien, die nicht als Gerade, sondern als halbe Achterschleifen aufgebracht sind. Das Zifferblatt ist geteilt in eine linke Hälfte für die Winter- und Frühjahrsmonate (DGC 6731) und in eine rechte Hälfte für Sommer und Herbst (DGC 13368). Außer den Stundenlinien laufen Hyperbeläste als Datumslinien über die Fläche: die oberste und unterste für Winter- bzw. Sommersonnenwende, die mittlere, eine Gerade, für die Tag- und Nachtgleichen. Letztere ist als Trennlinie zwischen Sommer- und Winterzeit zu sehen, da Beginn und Ende dieser beiden Zeiten in etwa mit Frühlings- und Herbstbeginn zusammenfallen.

Die Stundenangaben in den unteren, heller gehaltenen Flächen gelten demnach für die Sommerzeit.

Erst einige Jahre nach Fertigstellung der Berechnungen hat Stefan Schrammel, 1985 Abiturient am Gymnasium bei St. Stephan, dieser Sonnenuhr ein künstlerisches Gesicht gegeben. Die aufwendige Ausführung entstand unter der Obhut von Pa-

ter Gregor und unter Mithilfe einiger Oberstufenschüler. Für den Entwurf war ein 6 × 8 Meter großes Plakat notwendig, das wegen seines Ausmaßes nur auf dem Boden der Turnhalle ausgebreitet werden konnte. Das riesige Plakat wurde in einzelne Teile zerschnitten, die Linien wurden perforiert und mit Aschestaub auf den Putz übertragen. Die Malerei wurde in der sogenann-

ten »Keim-A-Technik« ausgeführt. Dabei wurden silikatische Farben der Firma Keim verwendet, die sich gegen säurehaltige Bestandteile der Luft widerstandsfähig zeigen. Auch nach vielen Jahren leuchtet die Wandmalerei immer noch in warmen Rot- und Ockertönen.

Beim Thema der Darstellung hat sich Stefan Schrammel an einer mittelalterlichen Miniatur aus der Bible moralisée orientiert. Das Original stammt aus dem 13. Jahrhundert und findet sich in einem der Codices der Österreichischen Nationalbibliothek Wien. »Gott vermisst die Welt« ist der Titel dieser Buchmalerei. Sie stellt Gottvater mit einem Zirkel in der Hand dar, wie er Himmel und Erde erschafft und dem Kosmos gleichsam durch Maß eine Form gibt. »... du aber hast alles nach Maß, Zahl und Gewicht geordnet« (AT Buch der Weisheit 11/20). Am oberen Bildrand ist zu lesen:

## ICI CRIE DEX CIEL ET TERRE SOLEIL ET LUNE ET TOZ ELEMENZ

(»Hier schafft Gott Himmel und Erde, Sonne und Mond und alle Elemente«)

Nicht von ungefähr wählte Stefan Schrammel das Thema des Vermessens, des Aufbauens: Sein Berufsziel war es, Architekt zu werden.

In der Wandmalerei wurde die mittelalterliche Aussage auf unsere Zeit umgesetzt. Auch hier ist Gott mit Zirkel und Kosmos dargestellt. Bei ihm, bei seinem Schöpfungsakt, ist die Weisheit, die im Christentum dem Geist Gottes entspricht. Im Buch der Sprüche Salomons 8/24, 27 kommt die personifizierte Weisheit zu Wort: »Als die Urmeere noch nicht waren, wurde ich geboren ... Als er den Himmel baute, war ich dabei, als er den Erdkreis abmaß über den Wassern...« Im rechten Bildfeld ist die Gefährdung dieser Schöpfung durch den modernen wissenschaftsfreudigen Menschen mit ausgedrückt: Wir forschen, hinterfragen, schrecken nicht zurück vor Zerstörung, bringen das Maß aller Dinge aus dem Gleichgewicht. Diese Gefährdung hat Pater Gregor in dem lateinischen Satz zusammengefasst: QVAESTIONES HERI AC CRAS: BENEDICENS DEVS, VIVIFICANS SOL, DESTRVENS TV

Die farblich hervorgehobenen Buchstaben ergeben als Chronogramm gelesen die Jahreszahl 1986, das Entstehungsjahr der Uhr. »Fragen, gestern wie morgen: der gütige Gott; die lebensspendende Sonne; Du (Betrachter), der Du zerstörst.« Heute, in einer Zeit von Reaktorunfällen, Umweltkatastrophen, gentechnischen Manipulationen und fragwürdigen medizinischen Fortschritten ist dieser Satz aktueller denn je.

## Ordensritter neben der Sonnenuhr (Bad Krozingen/Schlatt)

Sonnenuhrenfreunde haben auf einer Radtour durch das Markgräfler Land die Sonnenuhr (DGC 17510) an der Südwand des St. Sebastian-Kindergartens in Schlatt (N 47°55′, O 7°40′) entdeckt. Das Dorf Schlatt liegt etwa 15 Kilometer südwestlich von Freiburg und ist seit über vierzig Jahren Ortsteil von Bad Krozingen. Die Ortsgeschichte ist in knappen Sätzen im Text auf der Wandmalerei festgehalten und durch vier Wappen anschaulich gemacht.

Durch die Gestalten der beiden Ordensritter ist die Zeit unter den Johannitern bzw. Maltesern besonders hervorgehoben. In Jerusalem haben Mitte des 11. Jahrhunderts Kaufleute aus Amalfi ein Hospiz zur Betreuung erkrankter Pilger gegründet; die Hospitalbruderschaft der Johanniter entstand. Nach dem Ersten Kreuzzug schließen sich Kreuzfahrer dem Orden an und im 12. Jahrhundert übernimmt der Orden zum Schutz der Pilger und der Spitäler neben der Krankenpflege auch militärische Aufgaben. Als sich der Orden nach dem Untergang der Kreuzfahrerstaaten aus dem Orient zurückziehen muss, erhält er von Kaiser Karl V. 1530 die Insel Malta als Lehen und nimmt den Namen Malteser an. Nach der Reformation nennt sich der katholische Zweig weiterhin Malteser, der protestantische Johanniter. Beide Orden

AUSSÄTZIGE KREUZFAHRER AUS DEM RITTERORDEN DES HL. LAZARUS GRÜNDETEN ZWISCHEN 1220 UND 1271 EIN HAUS IN SCHLATT, DIE HERREN VON STAUFEN SCHENKTEN DEN LAZARITERN DIE KIRCHENRECHTE/ EIN FRAUENKLOSTER ENTSTAND HIER VOR 1270/ WEGEN ARMUT UND VERSCHULDUNG VERKAUFTEN DIE LAZARITER 1362 KLOSTER MIT KIRCHE, MÜHLE, BAD UND LEPROSENHAUS AN DIE KOMTUREI DER JOHANNITER IN FREIBURG/ BIS 1806 BLIEB SCHLATT BEIM GROSSPRIORAT DER MALTESER IN HEITERSHEIM/ 1973 ERFOLGTE DIE EINGEMEINDUNG NACH BAD KROZINGEN/

sind inzwischen zu ihren ursprünglichen Aufgaben zurückgekehrt und in der Krankenpflege, im Katastropheneinsatz und im Rettungsdienst tätig. Symbol beider Ordenszweige ist ein weißes achtzipfeliges Kreuz auf rotem Grund. Die Kreuzform erinnert an den Opfertod Christi, die acht Spitzen an die Acht Seligpreisungen der Bergpredigt. Im von Schlatt nur wenige Kilometer entfernten Heitersheim hatte der Großprior des Malteserordens seinen Sitz. Im Kanzleigebäude des ehemaligen Malteserschlosses befindet sich das einzige Johanniter-/ Maltesermuseum Deutschlands.

Die Sonnenuhr in Schlatt wurde 1962 von dem Freiburger Kunstmaler Benedikt Schaufelberger (1929 – 2011) geschaffen und 1982 renoviert.

UM 1200   1220-1362   1362-1806   BIS 1973

EDELKNECHTE VON SLATTE   LAZARITER   MALTESER   GEMEINDE SCHLATT

Historische Gesellschaft

Johanniter/Malteser-Museum

ALLEZEIT + ZUM DIENEN BEREIT +

## Adam und Eva in der Sonnenuhr (Bad Säckingen)

Bad Säckingen am Hochrhein (N 47°33', O 7°57') zählt im Rahmen des Wettbewerbs »Entente Florale Europe« zu den schönsten Städten Europas. Im Mai 2016 fährt in der Kurstadt ein vierundachtzigjähriger Autofahrer in die Menschenmenge vor einem Straßencafé. Der schreckliche Unfall hinterlässt zwei Tote und siebenundzwanzig Verletzte. Als die Berichte davon und die Bilder der Unfallstelle durch die Zeitungen gehen, fällt der Blick der Leser auch auf das Wohn- und Geschäftshaus im Hintergrund, Spitalplatz Nr. 1. An dem rot gestrichenen Gebäude prangt auf der Südwestseite eine Sonnenuhr (DGC 8760).

Das Zahlenband reicht von XI – VI Uhr, der Polstab kommt aus der Mitte einer in verschiedenen Gelbtönen leuchtenden Sonnenscheibe. Darüber ist die Sündenfall-Szene dargestellt: Adam und Eva, zwischen ihnen die Schlange, die sich um einen Baumstamm windet, Laub und Früchte. Den obe-

ren Abschluss bildet eine vor dem Mond sitzende Eule. Für den Apfel als Objekt des Sündenfalls gibt es keinen biblischen Anhaltspunkt. In der Schöpfungsgeschichte wird lediglich von »Früchten« vom Baum der Erkenntnis berichtet. Frühe Interpreten nennen Feige, später Granatapfel, zumal es heißt: »... Sie hefteten Feigenblätter zusammen und machten sich einen Schurz ...« (Gen 3,7) Im 5. Jahrhundert gibt es in Kommentaren aus Klöstern Norditaliens und Südfrankreichs erste Hinweise auf den Apfel. Exegeten der Schrift waren sicher von dem Obst beeinflusst, das in ihren Breiten wuchs. Dazu kommt die Doppeldeutigkeit des lateinischen Wortes »malus«. Es wird sowohl mit »schlecht, böse« als auch mit »Apfel, Apfelbaum« übersetzt. Das Sprichwort kursierte: »malum ex malo« – »das Übel kommt vom Apfel«. Seit Jahrhunderten wird in Berichten und in der Bildenden Kunst der Apfel als diese »verbotene

Frucht« gesehen. Auch hier in der Sonnenuhr sind Früchte und Laub eines Apfelbaumes dargestellt. Im Gegensatz zur strahlenden Sonne in der Bildmitte ist der Hintergrund im oberen Bildteil grau, blaue Sterne sind über die Fläche verteilt. Die Eule darüber mag als Nachttier Finsternis und Tod nach der Vertreibung aus dem Paradies andeuten. In der griechischen Mythologie ist die Eule jedoch das Attribut der Athene, der Göttin der Weisheit. So könnte sie hier als Aufforderung zu einer weisen Entscheidung stehen, zum Einhalten des Gottesgebotes.

Malerei und Konstruktion der Sonnenuhr stammen von 1975 und sind das Werk des Bad Säckinger Künstlers Werner Dietz (1927 – 2012). Er hat über dreitausend Bilder in verschiedenen Techniken hinterlassen. Die Silberne Verdienstmedaille der Stadt Säckingen und ein Kunstpreis des Landkreises Waldshut wurden ihm verliehen. Es ist nicht die erste Sonnenuhr an dieser Stelle, etwa zwanzig Jahre lang schmückte eine Vorgängerin (DGC 8760) dieselbe Hauswand. Die Malerei war ebenfalls ein Werk von Werner Dietz, die abstrahierte Darstellung eines Hahns. Ein passendes Motiv für eine Sonnenuhr, da der Hahn als Ausrufer und Verkünder des neuen Tages und der Sonne gesehen wird.

## Charité – Nächstenliebe (Berlin)

Die Berliner Charité wurde 1710 unter dem Preußenkönig Friedrich I. gegründet und ist heute eine der größten Universitätskliniken Europas. Bedeutende Ärzte haben die Einrichtung berühmt gemacht, etwa Emil Adolf von Behring, Paul Ehrlich, Robert Koch, Ferdinand Sauerbruch, Rudolf Virchow. Von allen Medizin-Nobelpreisträgern haben acht an diesem Krankenhaus gearbeitet. Im Campus Charité Mitte findet sich am Südflügel der Medizinischen Klinik (Schumannstraße) eine sehenswerte Sonnenuhr (N 52°52′, O 13°37′). Als Sandsteinquadrat schmückt sie den Stufengiebel des roten Backsteingebäudes (DGC 11056). Die über drei Meter hohe und breite Fläche ist aufgeteilt in das runde Zifferblatt und in die Darstellung von drei allegorischen Figuren. Von sieben Uhr am Morgen bis zwei Uhr am Nachmittag reicht die Zeitanzeige. Vermutlich wurde die Uhr, die etwa zweihundert Jahre alt sein dürfte, von einem älteren Gebäude hierhin übertragen, da der Schattenwerfer fehlerhaft angebracht ist. Den Platz oberhalb und seitlich des Zifferblatts nehmen drei Reliefs ein, die einen Bezug zu den Kranken, zur Arbeit im Krankenhaus haben. Den oberen Abschluss bildet Chronos, der Gott der Zeit.

Sein Attribut ist die Sense als Sinnbild der alles zerstörenden Zeit und des Todes. Ihm zur Rechten das Symbol des Arztberufes: Äskulap mit seinem Stab, um den sich eine Schlange windet. Durch ihre Häutung ist die Schlange Sinnbild für die Erneuerung des Lebens; das Gift der Schlange wurde auch zu Heilzwecken verwendet. Äskulap gegenüber ist seine Tochter Hygieia dargestellt, die die Gesundheit verkörpert. So stehen zwei Figuren für die Kunst und das Bemühen der Ärzte, Leben zu erhalten oder gar zu verlängern. Chronos dagegen erinnert an die Kranken, deren Lebenszeit abgelaufen und für die keine Gesundung möglich ist.

## Sonnenuhren in der Kurparkanlage (Bernau/St. Blasien)

Wenn Sonnenuhrenfreunde in den Südschwarzwald fahren, sollten sie einen Abstecher nach Bernau machen. Der Ort liegt südlich des Feldbergs, die einzelnen Weiler der Gemeinde erstrecken sich auf einer Hochfläche zwischen 900 und 1.415 Metern. In der kleinen Kurparkanlage hinter dem Rathaus in Bernau-Innerlehen stoßen wir auf fünf Sonnenuhren. (N 47°48', O 8°2')

Gleich nach den ersten Schritten liegt eine Findlings-Sonnen-
uhr aus Granit neben dem Weg (DGC 426). Auf den Stundenlinien nennen Bronzeaufschriften die Namen von Welt-
städten. Fällt der Zeigerschatten auf einen Ortsnamen, ist es
dort Wahrer Mittag. Der Zeiger trägt an der Seite die Zeit des
Wahren Mittag für Bernau: 12.28 Uhr.

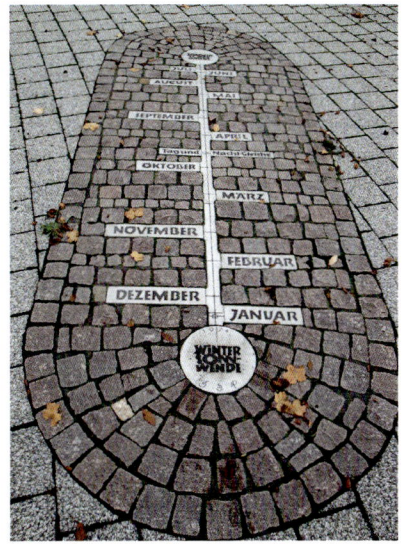

Auf dem Boden der Konzertterrasse ist eine analemmatische Sonnenuhr eingelassen (DGC 429). Ein Aluminiumstreifen dient als Kalenderskala, Stundenscheiben liegen auf einem Ellipsenbogen.

Unter der Markierung für die Wintersonnwende ließen die Verantwortlichen ihre Initialen anbringen: »C + H S« für den Organisator Heinz Schumacher und dessen Ehefrau Carla; »S J« für den Ausführenden, den Freiburger Münsterbaumeister Sepp Jakob; »A P« für den Konstrukteur Adolf Peitz. Auf der Rückseite des Rathauses sind die nächsten beiden Sonnenuhren zu finden, eine Globus-Sonnenuhr (DGC 8512) und 26, keine Mittags-Sonnenuhr (DGC 1608). Auf einem ehemaligen Grenzstein sind Achterschleife, Lotlinie und eine Skala für die Dauer des Lichten Tages angegeben.

Richtung Pfarrhaus zieht eine Bodensonnenuhr mit einem Durchmesser von 12 Metern die Blicke der Vorbeigehenden auf sich (DGC 427). Eine drei Meter lange Holzstange dient als Schattenwerfer, auf Granitfindlingen sind Stundenmarken aufgebracht (MEZ).

Bei der Friedhofserweiterung 1976 wurde in der Nähe der Kapelle eine Lochsonnenuhr aufgestellt, ein Werk des Bernauer Steinbildhauers Edelbert Wasmer (DGC 425). Der Granitstein hat einen Durchmesser von 1,10 Metern, auf Bleimarkierungen lässt sich MEZ ablesen. In die Bodenplatte ist der Text eingemeißelt:
ZEIT IST WIE EIN SCHLEIER, DER SICH ÜBER UNS BREITET MIT DER ZEIT.

Im Garten des Gasthauses Schwanen in Bernau-Oberlehen stoßen wir am Brunnentrog auf eine Schleifstein-Sonnen-

uhr (DGC 1246). Der bewegliche Zeiger besteht aus einem U-förmigen Bügel. Durch das Loch am kürzeren Schenkel fällt ein Lichtpunkt auf die Achterschleife am zweiten Schenkel.

Auf zwei Skalen sind MEZ und WOZ abzulesen. Darüber hinaus wirft ein Stift auf der Unterseite des Zeigers seinen Schatten auf den angegebenen Ort, an dem augenblicklich Wahrer Mittag ist. Zwischen den eingemeißelten Ortsnamen ist der Bär aus dem Bernauer Wappen dargestellt.

An der Altenrondstraße fällt an der Nord-West-Wand eines Hofgebäudes eine vertikale Sonnenuhr auf (DGC 1285). Eine Eternitplatte von 1,30 × 1,30 Metern wurde hier vom Hofbesitzer Hans Albiez farbig als Sonnenuhr gestaltet.

Als Gipser und Stuckateur hat er auf dem Zifferblatt die Innungszeichen seines Berufs, Kelle und Zirkel, angebracht sowie die Initialen seines Vornamens und des Vornamens seiner Frau Alice. Die Mittagslinie ist durch zwei kurze goldfarbene Striche auf der Schnecke angedeutet.

Wer von Südosten nach Bernau kommt, der fährt über St. Blasien. Die Gemeinde ist heute heilklimatischer Kurort, war aber vom 10. bis zum Beginn des 19. Jahrhunderts eng verbunden mit der Geschichte des bedeutenden Benediktinerklosters. Der klassizistische Dom und die Prachtbauten der Fürstäbte lohnen einen Aufenthalt. Hier an dieser Stelle soll aber nur auf die monumentale barocke Sonnenuhr (DGC 424) im Kurgarten hingewiesen werden (N 47°46′, O 8°8′). Sie wurde ca. 1780 geschaffen, um die damalige Domuhr zu justieren. Der Klostermaler Anton Morath brachte ein Gemälde an der Südwand dieses Amtsgerichts an, das den Zeitgott Chronos darstellt, der Stundenband und Schattenwerfer in seinen Händen hält. Die Sense ist sein Attribut als Symbol des Todes und der Zeit.

Lotlinie und Achterschleife geben den Wahren Mittag und 12 Uhr MEZ an. Datumslinien, Monatsnamen sowie Tierkreisbilder machen die bemerkenswerte Sonnenuhr zum Kalender.

## Sonnenuhr erzählt vom Wein (Breisach am Rhein)

Im Weinland Baden darf eine Sonnenuhr nicht fehlen, die den Wein zum Thema hat. Sie steht in der Breisacher Oberstadt (N 48°02′, O 7°35′), nur einen Steinwurf vom Münster entfernt (DGC 920). Es ist eine vertikale Sandsteinskulptur mit einem Durchmesser von etwa einem Meter, die beiden Zifferblätter sind nach Norden und Süden gerichtet.

Mit dem Spruch »Badischer Wein, von der Sonne verwöhnt« und mit dem Sonnenmännchen-Logo werben die badischen Winzer für ihre Weine. Dieses »Sonnenmännle« thront beidseitig auf der Sandsteinscheibe und hält den Schattenstab in seinen Händen. Der Schattenstab ist in Neigung und Richtung falsch angebracht, eine korrekte Zeitanzeige ist nicht möglich. In den Sandstein gehauene Trauben und die Inschriften auf den Zifferblättern erzählen vom Wein. Wir lesen auf Vorder- und Rückseite:

»Von früh bis spät zu jeder Stund'
das Sonnenmännchen tut dir's kund:
Müller-Thurgau – Spätburgunder Rotwein –
Gutedel – Silvaner«

»Das Sonnenmännchen
dir erzählt
ob du den richtigen
Wein gewählt
Gewürztraminer
– Spätburgunder
Weißherbst – Ruländer«

Von einer Vielfalt der Böden und vom Klima begünstigt, produzieren die badischen Winzer Weine von ausgezeichneter Qualität. Nicht immer hatten die Winzer ihr Auskommen. Um ihnen aus der wirtschaftlichen Not herauszuhelfen, gründete der badische Pfarrer, Politiker und Schriftsteller Heinrich Hansjakob in Hagnau am Bodensee 1881 den ersten Winzerverein. Nicht lange danach – vor allem in der Zeit nach dem Ersten Weltkrieg, nach Fehlernten und Inflation – entstanden in ganz Baden Winzergenossenschaften. Heute lassen hier neun von zehn Winzern ihre Weine in Genossenschaften ausbauen und vermarkten. Baden ist das südlichste Weinanbaugebiet Deutschlands, es umfasst neun Bereiche vom Bodensee im Süden bis Tauberfranken im Norden. Dazwischen liegen die Bereiche Markgräfler Land, Tuniberg, Breisgau, Kaiserstuhl, Ortenau, Kraichgau, Badische Bergstraße. Auf der Breisacher Sonnenuhr sind einige der wichtigsten Rebsorten aufgeführt. Schon Plutarch wusste:

»Der Wein ist unter den Getränken das angenehmste und unter den Arzneien die schmackhafteste.«

## Die Sonnenuhr vor der Vaterunser-Kapelle (Buchenbach)

Der Herder-Verlag hat seit 1808 seinen Standort in Freiburg im Breisgau und ist in der sechsten Generation in Familienbesitz. Das Ehepaar Elisabeth Herder und Dr. Theophil Herder-Dorneich hat die Vaterunser-Kapelle gestiftet, die östlich von Freiburg, am Eingang des Ibentals, in Buchenbach, erbaut und 1968 eingeweiht wurde (N 47°58′, O 7°59′). Der Grundriss hat die Form eines Davidsterns. Dieses Sechseck bildet mit dem Altarzentrum unter dem Glockenturm und mit Darstellungen und Texten im Innenraum einen Bezug zu den sieben Schöpfungstagen sowie zu den sieben Vaterunser-Bitten.

Vor der Kapelle wurde eine Sonnenuhr (DGC 11659) aufgestellt. Kugel und Sockel aus Muschelkalk sind von Meisterschülern der Freiburger Schule für Bildhauer und Steinmetze entworfen worden. Die Kugel hält den Polstab, das vertikale Südzifferblatt ist auf einer Fläche des Sockels angebracht. An Stundenlinien ist die Wahre Ortszeit abzulesen, eine römische Zwölf markiert die Mittagsstunde. Tag- und Nachtgleichen werden auf einer Datumslinie angezeigt. Die Tierkreiszeichen schlingen sich als Band um die Erdkugel. Acht davon sind als Sternbildsymbole eingemeißelt, vier durch figürliche Darstellungen ersetzt und zwar Stier, Löwe, Adler (statt Skorpion) und Mensch (Wassermann). Diese vier gefiederten Wesen sind die Attribute der Evangelisten. Für deren Zuordnung gibt es unterschiedliche Deutungen. Eine Auslegung verbindet mit den Symbolen die Anfänge der Evangelien: Markus schreibt vom Rufer in der Wüste und erhält den Löwen als Wüstentier. Das Matthäus-Evangelium beginnt mit dem menschlichen Stammbaum Jesu, also wird diesem Evangelisten der gefiederte Mensch zugeordnet. Der Stier ist ein Opfertier und deshalb Attribut des Lukas, der seinen Bericht mit dem Opfer des Zacharias im Tempel anfängt. Johannes schließlich ist der Adler zugeteilt, da seine Schriften spirituell gleichsam einen Höhenflug darstellen. Eine andere Zuordnung der gefiederten Wesen sieht sie im Zusammenhang mit den wichtigsten Heilsereignissen im Leben Jesu: der Mensch steht für die Geburt, der Stier für den Opfertod, der Löwe für die Auferstehung, der Adler für die Himmelfahrt.

Der Löwe erschließt sich nicht auf den ersten Blick als Auferstehungs-Symbol. Im Physiologus, einer frühchristlichen Deutung der Natur, ist nachzulesen: »... Wenn die Löwin das Junge gebiert, so gebiert sie es tot und wacht bei der Leiche,

bis der Vater kommt am dritten Tag, ihm ins Gesicht bläst und es weckt. So hat auch unser Gott, der Allherrscher, … am dritten Tage seinen erstgeborenen Sohn … von den Toten auferweckt.« Von dieser Auffassung zeugen mittelalterliche Kreuzigungsdarstellungen, auf denen wir zu Füßen Christi einen Löwen mit seinen Jungen sehen. Die drei freien Sockelflächen der Sonnenuhr tragen folgenden Spruch:

DU MENSCH, SPRACHE GOTTES,

GLEICHE DER SONNE

RUH IN DER MITTE DEINER BEWEGUNG

Der etwas verschlüsselt formulierte Text soll für die Vorübergehenden vielleicht Anstoß sein, innezuhalten im hektischen Kreisen und sich auf die ruhende Mitte des eigenen Lebens zu besinnen.

## Glassonnenuhr (Freiburg im Breisgau, Gerichtslaube)

Bei der Bombardierung der Stadt am 27. November 1944 wurde Freiburgs ältestes Rathaus vollkommen zerstört. Diese »Gerichtslaube« (N 48°0′, O 7°51′) konnte durch Spenden von Bürgern und Handwerkerinnungen wieder aufgebaut werden. Gespendet wurden auch Buntglasscheiben für die Fenster, eine davon ist als Sonnenuhr (DGC 8507) gestaltet. Dargestellt ist eine Frau mit Zuchtrute, die zwei Kinder lehrt. Das Zahlenband gibt Wahre Ortszeit von VI bis XIII Uhr an, Sonne und Mond vervollständigen das Bild. Die Frauengestalt symbolisiert die Grammatica als Synonym des Lernens, der Schule. Da die Scheibe 1979 vom damaligen Oberstudiendirektor der Gewerbeschule gestiftet wurde, ist

das Motiv naheliegend. Es ist angelehnt an eine der Sandsteinfiguren in der Vorhalle des Freiburger Münsters, die die Sieben Freien Künste darstellen (Artes Liberales: Grammatik, Rhetorik, Dialektik, Geometrie, Musik, Arithmetik, Astronomie).

Konstruiert wurde die Sonnenuhr von Studienprofessor Heinz Schumacher, die Scheibe entworfen hat Heinrich Reichle, sie angefertigt die Glaserei Isele, Freiburg. Das Fenster konnte wegen der Doppelverglasung nie als Sonnenuhr genutzt werden, auch der Zeiger wurde nicht ausgeführt.

## Sonnenuhr an der Schulhauswand (Freiburg-Kappel)

Die südliche Giebelwand der Schauinsland-Grundschule in Freiburg-Kappel (N 47°58', O 7°54') wird von einer fast 30 Quadratmeter großen Wandmalerei geschmückt, in die eine Sonnenuhr (DGC 14988) integriert ist. Beherrschend ist die Figur eines Engels, dem rechts und links seiner ausgebrei-

teten Arme und Flügel die Darstellungen von Sonne und Mond beigegeben sind. Zwischen diesen beiden Gestirnen, zwischen Tagesanbruch und Nacht, läuft der Schatten über das Zahlenband. In arabischen Zahlen sind die Stunden von neun Uhr am Morgen bis sieben Uhr am Abend eingezeichnet. Die Ziffer Acht ist beim Anbringen der Sonnenuhr vergessen worden, auch bei inzwischen erfolgten Restaurierungen ließ man diese letzte Stundenlinie ohne Bezeichnung. Die Malerei wurde 1961 von dem Kunstmaler Benedikt Schaufelberger (1929–2011) entworfen und ausgeführt. Schadhafter Putz und Witterungseinflüsse machten 1989 und 2007 Restaurierungen des Gemäldes notwendig, dabei wurde es auch geringfügig verändert.

Kappel ist seit 1974 ein Stadtteil Freiburgs, davor war es die eigenständige Gemeinde Kappel im Tal. Vor allem drei Berufe prägten hier bis ins 20. Jahrhundert hinein das dörfliche

Nach Fertigstellung 1961

Leben, waren Grundlage von Wirtschaft und Existenz. Der Künstler hat Vertreter dieser Berufe gemalt: den Landwirt mit der Sense, den Waldarbeiter mit der Axt und den Bergarbeiter mit der Grubenlampe. Vom Mittelalter an haben die Menschen im Berg (im Schauinsland) nach Erzen geschürft, erst 1954 wurde der Bergbau hier aufgegeben. In dem Gemälde ist ein Stück Kulturgeschichte, ein Stück Dorfgeschichte Kappels festgehalten; inzwischen haben sich Aussehen und Bevölkerung des Ortes sowie die Lebensbedingungen der Bewohner stark verändert.

Benedikt Schaufelberger hatte sein Wohnhaus und sein Atelier gegenüber der Schule. Die Verbindung zu seiner Gemeinde hat er nicht zuletzt durch die Darstellung dieser drei Arbeiter ausgedrückt, für deren Gesichter er Kappler Bürger portraitiert hat. Ursprünglich stand neben der Sonnenuhr ein Vers des römischen Dichters Horaz (65 – 8 v. Chr.):

CARPE DIEM, QUAM MINIMUM CREDULA POSTERO
(»Genieße den Tag, und vertraue möglichst wenig auf den folgenden«).

Da nicht jedermann und nicht jeder Grundschüler des Lateinischen mächtig ist, wurde bei einer Restaurierung der Text durch das leichter verständliche »NÜTZE DIE STUNDE« ersetzt. Dass dieses

Zustand vor 2007

Nützen der Zeit auch Lernen und Entspannen beinhalten kann, wird durch die Frau mit einem Buch und durch spielende Kinder ausgedrückt. Heute noch ist den Kappler Bürgern die Sonnenuhr inmitten der Wandmalerei etwas wert. Das zeigte sich deutlich 2007, als die von Witterungseinflüssen nahezu vollkommen ausgewaschene Malerei erneuert werden musste. Dafür fanden sich unter Privatpersonen und in den örtlichen Vereinen die nötigen Sponsoren.

## Der Stadtplan auf dem Parkboden (Freiburg im Breisgau)

Seit 1959 besteht eine Städtepartnerschaft zwischen Besançon im französischen Département Doubs und Freiburg im Breisgau (N 48°0', O 7°49'). Beiden Städten ist gemeinsam, dass sie Ende des 17. Jahrhunderts von Vauban, dem Militärarchitekten Ludwigs XIV., zu Festungen ausgebaut wurden. Anlässlich der Landesgartenschau 1986 schenkten die französischen Partner Freiburg eine kostbare Fliesensonnenuhr (DGC 925). Sie ist im Seeparkgelände im Westen der Stadt zu bewundern. Es ist eine analemmatische Bodensonnenuhr, bei der ein Mensch als beweglicher Zeiger fungiert. Stellt man sich je nach Jahreszeit auf das entsprechende Tierkreiszeichen der Skala, so weist der Körperschatten die Zeit.

Das Zifferblatt der Uhr zeigt einen stilisierten Stadtplan von

Besançon aus dem 18. Jahrhundert. Die Altstadt wird von einer Schleife des Doubs umflossen und von der Zitadelle überragt. Die Stundenpunkte auf der Ellipse reichen von 6 Uhr morgens bis 18 Uhr abends, das entspricht der möglichen Dauer des Sonneneinfalls. Ansichten historischer Gebäude bilden die Stundenmarkierungen, die entsprechenden Ziffern sind im Stadtplan als Standorte dieser Monumente angegeben. Wir finden folgende Abbildungen:

Maison de Vigneron

Galerie du Saint-Esprit, 16. Jh., ehemaliges Hôpital

Préfecture, 18. Jh.

Quai Vauban aus dem 16. Jh

Église Sainte Madeleine, 18. Jh.

Hôpital Saint Jacques aus dem 17. Jh., beherbergt heute eine alte Apotheke

Palais de Justice (Renaissance)

Palais Granvelle

Église Saint Pierre, 18. Jh.

Théâtre, 18. Jh.

Das Palais Granvelle ließ Nicolas Perrenot de Granvelle, Minister Karls V., zwischen 1534 und 1542 erbauen. Es besitzt eine prächtige Renaissancefassade und einen schönen Arkadenhof. Seit 2002 ist in dem Palais das Musée du Temps untergebracht, das der Zeitmessung gewidmet ist.

Porte Noire et
Cathédrale Saint Jean

Die Kathedrale geht aufs 12./13. Jahrhundert zurück, der Ostchor wurde in der Barockzeit wieder aufgebaut. Die Porte Noire stammt aus der gallo-römischen Epoche der Stadt, wurde als Triumphbogen im 2. Jahrhundert errichtet und Marc Aurel gewidmet.

Die Porte Rivotte ist Teil der Stadtbefestigung und trägt das Wappen Ludwigs XIV.

Im Laufe der Jahre sind die Farben auf den Fliesen der Sonnenuhr verblasst und durch ein paar Risse in den Keramikplatten wachsen Grasbüschel. Aber immer noch erinnert die Anlage im Freiburger Seepark an die Hauptstadt der Franche-Comté am Rande des Jura. Sie ist eine Anregung, das sehenswerte Besançon aufzusuchen, das eine Universität und ein

reiches kulturelles Angebot aufzu-
weisen hat. Daneben ist Besançon
Zentrum der französischen Uhrenindustrie. Während der Französischen Revolution wurde durch
Einwanderer aus dem Schweizer
Jura die Uhrenindustrie in der
Stadt begründet. In der Tradition
dieser Industrie haben sich hier
zahlreiche Firmen aus dem Bereich Mikropräzisionstechnik angesiedelt.

Die Stadt ist Geburtsort des Schriftstellers Victor Hugo
(1802 – 1885) und der Brüder Lumière, der Erfinder des Kinos
(Auguste 1862 – 1954, Louis Jean 1864 – 1948).

Die Festungsanlagen von Besançon gehören seit 2008 zum
Unesco-Weltkulturerbe.

Die Citadelle, die Vauban zwischen 1674
und 1711 errichten ließ

# Eine Sonnenuhr in der Bibel
## (Freiburg im Breisgau, Uniseum)

Im Freiburger Uniseum, dem Museum der Albert-Ludwigs-Universität, können die Besucher eine Bilderbuch-Sonnenuhr von 1761 bestaunen. Es ist ein Sandstein-Polyeder mit 26 Flächen, 24 davon sind bemalt, 19 als Zifferblätter gestaltet (DGC 932), die Zeiger sind nicht mehr vorhanden.

Nach der Konstruktion zu beurteilen wurde die Uhr für Freiburg oder den Breisgau berechnet (N 48°00', O 7°51'). Einige Darstellungen weisen auf Habsburger Gebiet – Freiburg und der Breisgau haben über 430 Jahre zu Vorderösterreich gehört. Zwei der Abbildungen sind der damaligen Landesherrin und ihrem Gemahl gewidmet, Kaiserin Maria Theresia und

Kaiser Franz I. Schlachtenszenen füllen einige Flächen ebenso wie etwa eine Darstellung der Göttin der Wissenschaft, Pallas Athene. Ungewöhnlich ist auf einem Zifferblatt der Bezug zur Sonnenuhr des Achaz, die vermutlich einzige Erwähnung einer Sonnenuhr in der Bibel. Bei Jesaja 38,8 ist nachzulesen, dass der Prophet bei Hiskia (7./6. Jh. v. Chr.) dem kranken König von Juda erscheint und ihm sein nahes Ende voraussagt. Auf Hiskias Gebet hin entschließt sich Jahwe, ihn zu heilen. »So spricht Jahwe, der Gott deines Ahnherrn David: Ich habe dein Gebet erhört und deine Tränen gesehen. Ich will dich heilen; in drei Tagen wirst du zum Tempel Jahwes hinaufsteigen. Siehe, ich will zu deiner Lebenszeit noch fünfzehn Jahre hinzufügen ... Dies sei dir ein Zeichen: Ich lasse den Schatten so viele Stufen, als die Sonne an den Stufen des Achaz bereits herabgestiegen ist, wieder zurückgehen, zehn Stufen.« Darauf nimmt die Inschrift auf dem Zifferblatt Bezug: »Je ferai repasser le soleil« (»Ich will die Sonne zurücklaufen lassen«).

Es gibt nur Vermutungen über das Aussehen dieser biblischen Sonnenuhr, die unter König Achaz in Jerusalem errichtet wurde. Vielleicht war es eine Treppensonnenuhr, denn nachdem die Ägypter Judäa erobert hatten, tauchen solche Treppensonnenuhren auch am Nil auf. Ein »Zurücklaufen« der Sonne oder des Schattens gibt es nicht. Die Erzählung in der Bibel soll wohl ausdrücken, dass die Heilung des todkranken Hiskia den Menschen genauso unfassbar und so wenig erklärbar schien wie ein Zurückgehen des Schattens. Auf dem Bild ist keine Treppensonnenuhr dargestellt, Hiskia liegt vor einer Wandsonnenuhr auf den Knien. Die Ölmalerei ist überschrieben mit dem nicht mehr ganz lesbaren Satz: »Cadran d'Achaz isaie 38 v. 8, dédié à son Excellence Madame La Comtesse de ...

Der eingezeichnete Kreis ist eine Datumslinie für den 18. Juni: »La Fête de la Sainte Elisabethe«. Studienprofessor Heinz Schumacher hat die Sonnenuhr in der Zeitschrift »Uhren«, Callwey Verlag April 1987 und im »Freiburger Almanach 1986« ausführlich beschrieben.

## Sonnenbrunnen-Sonnenuhr (Freiburg-Waltershofen)

Zwischen Schwarzwald und Rhein liegt wie eine Insel der nur etwa dreihundert Meter hohe Tuniberg, der »Weingarten Freiburgs«. Auf dem Kalkboden, der von einer fruchtbaren Lössschicht bedeckt ist, wachsen in südlichem Klima hervorragende Weine. Der Tuniberg ist eines der neun Badischen Weinbaugebiete, Weinbau wird hier seit dem 9. Jahrhundert urkundlich nachgewiesen. Am nordöstlichen Rand des Hügels liegt die Winzergemeinde Waltershofen, seit 1972 Stadtteil von Freiburg. Zur 850-Jahr-Feier des Dorfes wurde 1989 im alten Ortskern der Sonnenbrunnen aufgestellt (N 48°01', O 7°43'). Er ist Brunnen, Tränke, Denkmal, Sonnenuhr

(DGC 9714). Der Brunnenstock trägt drei Zifferblätter, nach Süden, Osten (DGC 10376) und Westen (DGC 10376) gerichtet. Am Südzifferblatt sind an römischen Zahlen die Stunden von VI bis VI Uhr abzulesen, Wahre Ortszeit ist angegeben und mit ± 12.29 Uhr der Wahre Mittag. Das Ostzifferblatt zeigt die Morgenstunden von VI bis X Uhr, das Westzifferblatt die Nachmittagsstunden von XII bis VI Uhr. Die Südfläche der Brunnenschale schmücken stilisierte Weinblätter und Trauben, auf der Schmalseite nach Osten hin ist das Dorfwappen eingemeißelt. In einem gespaltenen Schild verweist eine Rebe auf den Weinbau, Schlüssel und Schwert sind Attribute der Pfarrkirchenpatrone St. Peter und Paul. Aus der großen Schale läuft Wasser in eine kleinere (Hunde-)Tränke. Ganz oben

auf dem Brunnenstock sitzt eine Frauenfigur, die sich von der Sonne bescheinen lässt. Die Trauben erinnern an den Wein, Sonne und Wasser an das Gedeihen und die Sonnenuhr an die Zeit, die für das Pflanzen, Reifen, Ernten notwendig ist. Im Sandstein festgehalten ist ein Spruch, ein gutes Lebensmotto:
WENDE DEIN GESICHT ZUR SONNE
UND DIE SCHATTEN FALLEN HINTER DICH

## Drei Sonnenuhren im Ort (Gengenbach)

Gengenbach (N 48°25′, O 8°00′) liegt an den westlichen Ausläufern des Mittleren Schwarzwalds, im Tal der Kinzig. Der Ort hat sich im Umfeld eines Benediktinerklosters zur Stadt entwickelt. Im 8. Jahrhundert vermutlich von St. Pirmin gegründet, hat das Kloster den Status einer Reichsabtei erlangt und wurde 1807 im Rahmen der Säkularisation aufgehoben. Seit gut zwanzig Jahren kommen in der Vorweihnachtszeit Tausende von Besuchern nach Gengenbach, da sich dann die klassizistische Fassade des Rathauses in einen überdimensionalen Adventskalender verwandelt. Künstler – bzw. deren Nachlassverwalter – wie Marc Chagall, Otmar Alt, Tomi Ungerer oder Andy Warhol haben die Einwilligung gegeben, Reproduktionen ihrer Werke für diese Installation zu nutzen. Vom Beginn der Adventszeit an wird nach und nach täglich ein weiteres der vierundzwanzig Fenster hinterleuchtet und es erstrahlt ein farbenprächtiges, teilweise märchenhaftes Bild. Eine weitere Sehenswürdigkeit im Ort sind die Sonnenuhren.

## Sonnenuhr am Obertorturm oder Haigeracher Tor

Der Torturm dürfte im 13./14. Jahrhundert gebaut worden sein, der heutige Turmhelm im 17. Jahrhundert. Von der Stadtseite her ist das Bauwerk mit einer einfachen vertikalen Sonnenuhr (vermutlich 17. Jahrhundert) geschmückt und mit Malereien, die Sonnenstrahlen und Stadtwappen darstellen (DGC 178). Das Zahlenband reicht von IX bis V Uhr. Als Freie Reichsstadt war Gengenbach berechtigt, den Kaiserlichen Adler im Wappen aufzunehmen. Mit einem roten Salm (Lachs) ist ein weiteres Wappentier abgebildet, sicher als Zeichen für den Fischreichtum der Schwarzwaldflüsse. Der Salm ist auch Namensgeber für zahlreiche Gasthäuser der Gegend.

## Wandsonnenuhr an der ehemaligen Klostermühle

Dargestellt auf der Wandsonnenuhr (DGC 444) ist Pater Coelestin Quintenz neben dem Wappen der Abtei, Tierkreiszeichen markieren Datumslinien. Auf einem weißen Band sind die Stunden zwischen 6 Uhr am Morgen und 4 Uhr am Nachmittag angegeben sowie die Maxime der Benediktiner:

ORA ET LABORA (»Bete und arbeite.«)

Pater Coelestin (1774–1822) wird als Erfinder der Dezimalwaage betrachtet. Er hat die von Jean-Baptiste Schwilgué konstruierte Brückenwaage zu einer verkleinerten, tragbaren Form weiterentwickelt, bei der Gewichtssteine von einem Zehntel der zu wiegenden Ware aufgelegt werden. Schwilgué war der Uhrmacher, der im 19. Jahrhundert die Astronomische Uhr im Straßburger Münster mit einem neuen Uhrwerk versehen hat.

## Vielflächnersonnenuhr

Die Vielflächnersonnenuhr steht im Innenhof der ehemaligen Benediktinerabtei (DGC 6233), neben der heutigen Stadtkirche St. Marien. Außer dem Kugel-Zifferblatt als Bekrönung finden sich am Sockel vier vertikale Zifferblätter, in jeder Himmelsrichtung eines. Auf einer Tafel an der Kirchenwand ist nachzulesen, dass vermutlich Pater Coelestin Quintenz die Uhr konstruiert hat, dass sie nach Auflösung der Abtei in privaten, später städtischen Besitz gelangte und schließlich 1992 der Pfarrgemeinde St. Marien überlassen wurde. In städtischem Besitz war die Sandsteinuhr im Gengenbacher Heimatmuseum ausgestellt. Studienprofessor Heinz Schumacher hat in einem Beitrag in der Badischen Zeitung vom 19. Juni 1975 das Objekt wie folgt beschrieben:

»Die Gengenbacher Kugelsonnenuhr – Eine Rarität auf dem Gebiet der Zeitmessung.

Das kürzlich in Gengenbach eingerichtete Heimatmuseum birgt außer seinen guten Stücken heimatlicher Kunst als eine Rarität von besonderem Rang auf dem Gebiet der Zeitmessung eine barocke Kugelsonnenuhr mit beweglichem Zeiger. Obwohl die Arbeitsweise und die Konstruktion solcher Sonnenuhren sehr einfach sind, findet man diese Uhren selten. Ein ähnliches Stück befindet sich in Heimbach, eine weitere Uhr, die aus zwei Kugelhälften besteht, wird in Brumat-Stephansfeld nördlich Straßburg aufbewahrt. Auf dem Äquator der Gengenbacher Kugelsonnenuhr sind in Abständen, die der 24-Teilung des Äquators entsprechen, die Stundenmarken eingraviert. Ein flacher Metallbügel, der in beiden Polen beweglich gelagert ist, lässt sich über die Kugelfläche schwenken. Voraussetzung für das richtige Funktionieren dieser Kugelsonnenuhr ist es, dass die von Pol zu Pol verlaufende Kugelachse parallel zur wirklichen Erdachse verläuft und genau in der Nord-Süd-Ebene liegt. Ihr Neigungswinkel entspricht dann dem Winkel der geographischen Breite des Standortes. Die kleine Sandsteinkugel und unser Erdball haben dann in Bezug auf die Sonne dieselbe Lage und somit zur gleichen Zeit auch dieselbe Besonnung. Zum Ablesen der Zeit lässt man den schwenkbaren Bügel mit der Sonne wandern, das heißt, man liest die Stunde beim Schwenkvorgang auf der Äquatorskala dann ab, wenn der Schatten des Bügels am schmalsten ist. Das Prinzip dieser dekorativen Sonnenuhr ist so einfach, dass es zur Herstellung keiner Berechnung bedarf. Im Museum hat man stellvertretend für die Sonne eine Leuchte über der Kugel angebracht, so dass der interessierte Betrachter auch im

Rauminnern ohne Sonnenschein experimentieren kann. Als dekorative Plastik, an der mit dem Licht- und Schattenspiel etwas geschieht, und bei der der Betrachter selbst aktiv werden darf, mag die Uhr an ihrem jetzigen Platz auch Anregung dazu sein, auf Schulhöfen oder in öffentlichen Anlagen Ähnliches neu zu schaffen. Dabei könnte zusätzlich durch Eingravieren der Konturen der Kontinente mit wenig Aufwand noch mehr Information erzielt werden. Man könnte nämlich dann auch noch ablesen, wo auf der Erde augenblicklich Mittag ist und wo die Sonne augenblicklich auf- und untergeht.«

Bei der Umgestaltung des ehemaligen Abtei-Innenhofes wurde 1992 nicht nur die Kugelsonnenuhr dort aufgestellt, sondern wenige Schritte entfernt auch ein Pinienbrunnen, gestiftet von Charlotte Françoise Henriette Vorbeck-Holz, Gründerin der Vorbeck-Sprachenschule. Durch die Leben enthaltenden Samen gilt der Pinienzapfen in der christlichen Kunst als Sinnbild der Hoffnung auf Ewiges Leben. Vier Steinplatten am Brunnenrand zeigen dem Betrachter: die Rose als Mariensymbol, das Wappen der Reichsabtei, das Logo der Vorbeck-Fremdsprachen-Akademie P.B.F (Ponctualité, Bonté, Fidélité; Pünktlichkeit, Güte, Zuverlässigkeit) und die Dezimalwaage des Paters Quintenz. Leider bedecken inzwischen so viele Flechten die Kugel der Sonnenuhr und die Platten des Brunnenrands, dass die eingemeißelten Striche und Zahlen auf dem Sandstein kaum noch zu erkennen sind. Drei Gengenbacher Sonnenuhren – jede anders, jede interessant, jede sehenswert.

## Der Tod von Gorsleben (Gorsleben)

Wer in Gorsleben die Bonifatiuskirche oder den Friedhof besucht (N 51°27', O 11°18'), dessen Weg führt unter der Friedhofspforte hindurch, über der eine nachdenklich stimmende Sonnenuhr angebracht ist. Sie stammt aus dem Jahr 1698 und wurde 1997 restauriert. Als »Tod von Gorsleben« (DGC 6678) wurde die Darstellung weit über Thüringen hinaus bekannt. Ein Sensenmann hält Sensenblatt und Dreizack als Schattenwerfer in seinen Händen, als weiteres Zeichen der Vergänglichkeit ist eine Sanduhr abgebildet. Am halben Südzifferblatt der Ecksonnenuhr sind unter der Jahreszahl 1698 die Stunden von VII–XII Uhr abzulesen, der Text ermahnt:

> »Unsere Lebenszeit verfleucht
> wie ein schneller Schatten weicht.«

Das Ostzifferblatt mit dem Tod im Mittelpunkt zeigt in arabischen Ziffern die Zeit von 3–11 Uhr an.

In der Antike wird der Tod als Bruder des Schlafes gesehen, der Tote wird als Schlafender abgebildet. Im Christentum ändert sich die Ikonografie des Todes, er ist der Sold der Sünde und wird in seiner ganzen Grausamkeit gezeigt. So ist der Tod auch hier auf dem Hauptzifferblatt der Sonnenuhr als Skelett dargestellt. Darunter mahnt die lateinische Inschrift:
EXTREMAM REPUTA QUAMLIBET ESSE TIBI
(Bedenke [erwäge], dass jede beliebige [Stunde] für dich die letzte sein kann.)

Christian Webel (1654–1721) trat 1693 in Gorsleben seine Stelle als Pastor an. Wenig später starb seine Frau im Alter von 28 Jahren. Von den sieben Kindern, die seine zweite Frau zur Welt brachte, starben drei innerhalb von fünf Tagen an einem »Brustfieber«. Die Sonnenuhr wurde auf Webels Anregung hin geschaffen. Vermutlich gaben diese Verluste den Anstoß, einen Sensenmann, der so viele Familienmitglieder dahingerafft hatte, darstellen zu lassen. Vielleicht wurde der Pastor auch durch den Liedtext eines zeitgenössischen unbekannten Verfassers angeregt:

»Es ist ein Schnitter, der heißt Tod,
hat Gewalt vom höchsten Gott.
Heut wetzt er das Messer,
es schneid't schon viel besser,
bald wird er drein schneiden,
wir müssen's nur leiden ...«

### Neue alte Sonnenuhr (Campus Galli bei Meßkirch)

Der karolingische St. Galler Klosterplan ist der nie ausgeführte Bauplan einer idealen mittelalterlichen Klosteranlage. Die Zeichnung entstand Anfang des 9. Jahrhunderts auf aneinandergenähten Pergamentteilen im Kloster der Insel Reichenau und wird heute in der Stiftsbibliothek von St. Gallen/Schweiz aufbewahrt. Im oberschwäbischen Meßkirch haben sich Idealisten gefunden, die den Plan verwirklichen und die Anlage entstehen lassen wollen. Etwa sechs Kilometer nördlich von Meßkirch (N 48°03', O 9°10') wurde 2013 mit den Arbeiten am »Campus Galli«-Projekt begonnen, die Bauzeit ist auf vierzig Jahre veranschlagt. Das Besondere an dem Vorhaben ist, dass die Arbeiten unter den Bedingungen des frühen neunten Jahrhunderts vor sich gehen, mit den Materialien und Werkzeugen, die den Menschen damals zur Verfügung standen. Handwerker und ein Wissenschaftlicher Beirat sind um die Authentizität bemüht. Inzwischen sind einige Gebäude und Anlagen der Klosterstadt entstanden, und seit Juni 2019 hängt an der Südwestecke des Glockenturms eine Sonnenuhr. Das Zifferblatt ist eine Sandsteinplatte von etwa vierzig Zentimetern Durchmesser. Der Schattenwerfer ist horizontal angebracht. Erst durch die Kreuzritter kam die Idee nach Europa, den Gnomon erdachsparallel auszurichten.

Es ist nicht erstaunlich, dass sich in unseren Breiten die ältesten Sonnenuhren an Klöstern finden. Zur Einhaltung eines strengen Tagesplanes, zum Wechsel von Gebet und Arbeit sowie zum Verrichten der Tagesgebete waren Zeitmesser, Zeitgeber notwendig. Mit Kerzenuhren, Sand- und Wasseruhren behalf man sich in der sonnenfreien Zeit. Wenn eine bestimmte Länge der Kerze abgebrannt, eine festgelegte Menge Wasser oder Sand aus einem Behälter gelaufen war, hatte man eine ungefähre Zeitangabe. Sonnenuhren waren eine Bereicherung. Zunächst sind es – wie auf Campus Galli – kanoniale Sonnenuhren, deren Zifferblätter keine Zeiteinteilung tragen, sondern eine Markierung für die Tagesgebete. Diese begannen mit den Laudes am frühen Morgen und wurden mit der Komplet am Abend beendet. Dazwischen lagen Prim, Terz, Sext, Non, Vesper. Im Klosterplan kann ich keinen

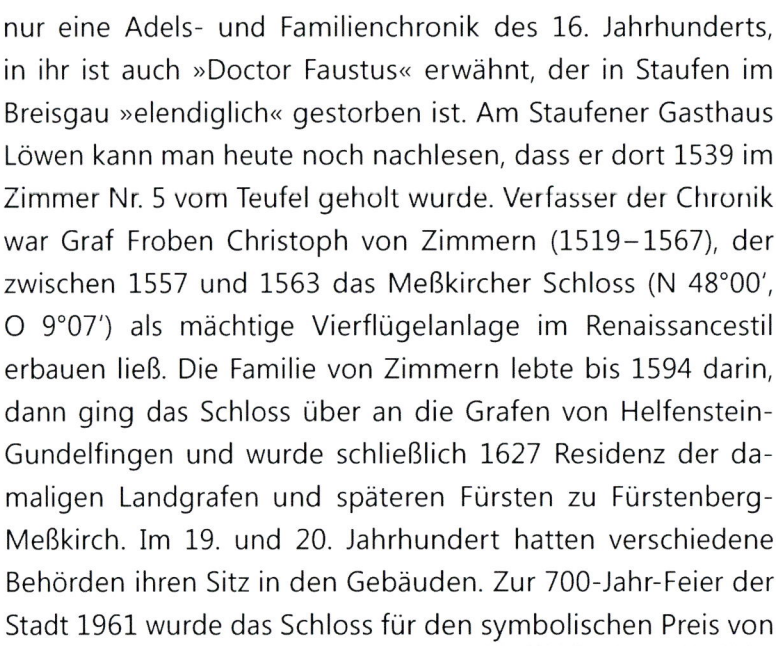

Hinweis auf eine Sonnenuhr finden. Es ist aber mit Sicherheit an-
zunehmen, dass bei der Verwirk-
lichung des Bauvorhabens eine
Sonnenuhr dazugehört hätte.

## Eine Sonnenuhr am Schloss (Meßkirch)

Die Zimmer'sche Chronik ist nicht
nur eine Adels- und Familienchronik des 16. Jahrhunderts,
in ihr ist auch »Doctor Faustus« erwähnt, der in Staufen im
Breisgau »elendiglich« gestorben ist. Am Staufener Gasthaus
Löwen kann man heute noch nachlesen, dass er dort 1539 im
Zimmer Nr. 5 vom Teufel geholt wurde. Verfasser der Chronik
war Graf Froben Christoph von Zimmern (1519–1567), der
zwischen 1557 und 1563 das Meßkircher Schloss (N 48°00′,
O 9°07′) als mächtige Vierflügelanlage im Renaissancestil
erbauen ließ. Die Familie von Zimmern lebte bis 1594 darin,
dann ging das Schloss über an die Grafen von Helfenstein-
Gundelfingen und wurde schließlich 1627 Residenz der da-
maligen Landgrafen und späteren Fürsten zu Fürstenberg-
Meßkirch. Im 19. und 20. Jahrhundert hatten verschiedene
Behörden ihren Sitz in den Gebäuden. Zur 700-Jahr-Feier der
Stadt 1961 wurde das Schloss für den symbolischen Preis von
einer Deutschen Mark an die Stadt
Meßkirch verkauft und ist heute
Kultur- und Museumszentrum.

    Im Innenhof finden wir an der

Südwand des sogenannten Schlössles eine Wandsonnenuhr aus dem Jahre 1616 mit doppeltem Zahlenband (DGC 7241). Die Uhr wurde 1953 und 1992 restauriert und erzählt mit ihren Wappen von der wechselhaften Geschichte der Gebäude und ihrer Bewohner.

Über dem Zifferblatt sehen wir von links nach rechts das Wappen der Fürsten von Fürstenberg, das der Stadt Meßkirch und das Wappen der Gemahlin des damaligen Schlossherren, einer Gräfin von Hinterglauchau. Die in der Gegenwart bekannteste Vertreterin dieser Familie ist Gloria Prinzessin von Thurn und Taxis, geborene Gräfin von Schönburg-Glauchau. Das blaue Wappen mit dem goldenen schreitenden Löwen, der eine Axt in den Pranken hält, ist nicht nur das Wappen der Stadt Meßkirch, sondern spiegelverkehrt auch das Wappen der Grafen von Zimmern. Zwischen den beiden Zahlenbändern findet sich zweifach das Wappen der Familie von Helfenstein. Meßkirch liegt an der Oberschwäbischen Barockstraße, zwischen Donau und Bodensee. Gerne bezeichnen die Bewohner ihre Stadt als »Badischen Geniewinkel«, denn bedeutende Persönlichkeiten wurden dort geboren. Einige seien hier genannt:

- der Komponist und Kapellmeister Conradin Kreutzer (1780–1849),
- der Freiburger Erzbischof Conrad Gröber (1872–1948),
- der Philosoph Martin Heidegger (1889–1976),
- der Theologe und Religionsphilosoph Bernhard Welte (1906–1983).
- der Schriftsteller Arnold Stadler (*1954)

Auch eine Meßkircher Frau hat es zu Ansehen gebracht: Katharina von Zimmern (1478–1547), letzte Fürstäbtissin des Fraumünsterstifts in Zürich. Sie fügte sich der Reformation und übergab die Schlüssel und die Besitzungen des Klosters an die Stadt Zürich, geleitet von dem Gedanken »die Stadt vor Unruhe und Ungemach zu bewahren und tun, was Zürich lieb und dienlich ist.« Ihr Handeln war entscheidend dafür, dass sich die Reformation in Zürich friedlich vollzog.

## Ein Bär auf dem Zifferblatt (Mittenwald)

Wer aus südlicher Richtung nach Mittenwald hineinfährt, entdeckt am Ortsanfang linker Hand die vertikale Sonnenuhr (N 47°26′, O 11°16′) an der Ostfassade eines Hauses (DGC 389). Dargestellt ist eine Sonne im Strahlenkranz, in deren Mittelpunkt der Schattenwerfer befestigt ist. Das Zahlenband darunter reicht von VII–I.

Die Malerei zeigt vor einer Bergkulisse Sankt Korbinian (geb. ca. 675 in der Île-de-France, gest. ca. 725 in Freising) mit einem

Bären, dem eine Last auf den Rücken geschnallt ist. Der Heilige pilgerte nach Rom und erhielt vom Papst den Auftrag, das Evangelium in Bayern zu verkünden; er ist Gründer des Bistums Freising (ca. 720/730) und dessen erster Bischof. Sein Weg nach Rom soll ihn auch durch Mittenwald geführt haben. Auf seiner Pilgerreise zerreißt ein Bär das Lasttier des Heiligen, Korbinian zähmt den Bären und lädt ihm seine Habseligkeiten auf. Der Bär mit dem Lastenbündel wird sein Attribut, ist im Wappen Freisings zu finden und im Wappen der Erzdiözese München-Freising. Neben dieser beherrschenden Darstellung ist in kleinerem Format der »Freisinger Mohr« zu sehen. Er existiert im Wappen des Bistums Freising und existierte im Wappen des Hochstifts Freising bis zu dessen Auflösung durch die Säkularisation Anfang des 19. Jahrhunderts. Unter Hochstift war der weltliche Herrschaftsbereich des Freisinger Fürstbischofs zu verstehen. Die Gemeinde Mittenwald, die in diesem Bereich lag, trägt den Mohren in ihrem Wappen.

Ein gekrönter Mohrenkopf (caput aethiopis) in einem Wappenschild ist seit dem 13. Jahrhundert nachweisbar, seine Herkunftszuweisung ist allerdings nicht eindeutig. Erklärungsversuche beziehen sich auf einen Zusammenhang mit der Königin von Saba oder auch mit einem der biblischen Drei Weisen aus dem Morgenland, der später als Caspar, der dunkle König, gedeutet wurde. Andere Quellen berichten von Bischof Otto von Freising, dem für die Teilnahme

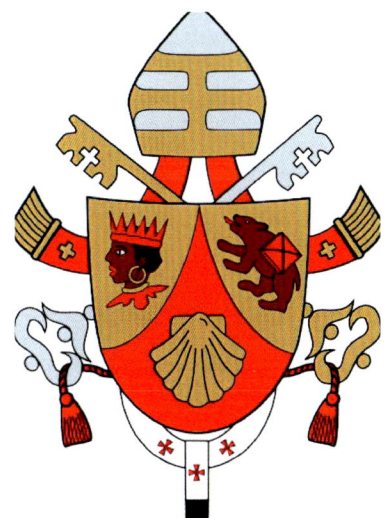

Papstwappen

am Zweiten Kreuzzug (1147–49) der Mohr im Wappen verliehen wurde. Benedikt XVI., der Erzbischof des Erzbistums München und Freising war, hat den Korbinianbären und den Freisinger Mohren in sein Papstwappen übernommen.

## Ein Bilderbogen mit Sonnenuhr (München)

Die Gebrüder Asam sind vielen als Maler, Bildhauer und Baumeister zahlreicher barocker Kirchen ein Begriff. Sie waren in Süddeutschland tätig, in Böhmen und in Schlesien, in der Schweiz und in Tirol. Cosmas Damian (geb. 1686 in Benediktbeuern, gest. 1739 in München) war der in Rom ausgebildete Maler und Baumeister. Egid (Ägid) Quirin (geb. 1692 in Tegernsee, gest. 1750 in Mannheim) arbeitete als Bildhauer, Stuckateur und ebenfalls als Baumeister. Cosmas Damian brachte den malerischen Anteil ins Werk, Egid Quirin den plastischen. In der Sendlinger Straße in München haben beide 1733–46 die St. Johann-Nepomuk-Kirche gebaut.

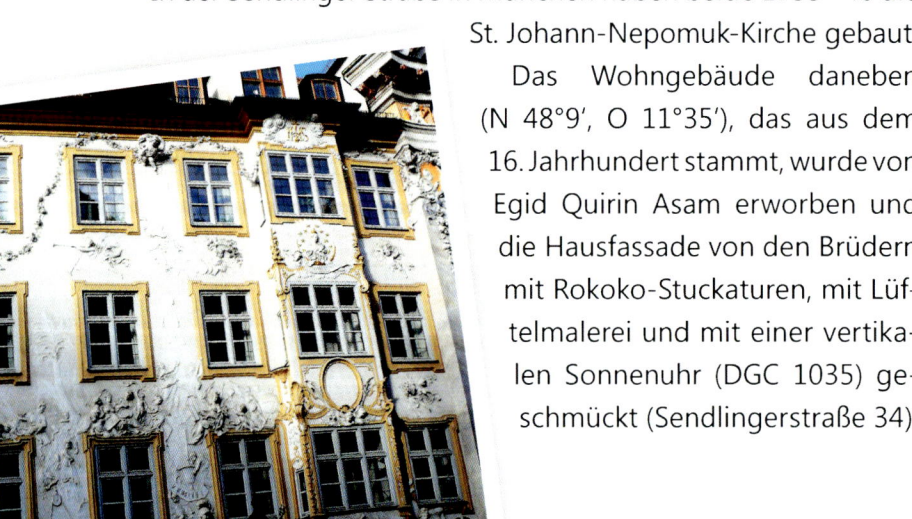

Das Wohngebäude daneben (N 48°9′, O 11°35′), das aus dem 16. Jahrhundert stammt, wurde von Egid Quirin Asam erworben und die Hausfassade von den Brüdern mit Rokoko-Stuckaturen, mit Lüftelmalerei und mit einer vertikalen Sonnenuhr (DGC 1035) geschmückt (Sendlingerstraße 34).

Die Sonnenuhr ist in ein reiches Bildprogramm eingebettet. Dieses Programm sagt nicht nur aus, dass die Brüder fromm waren, es offenbart auch ihre Bildung. Sie waren vertraut mit der griechischen Mythologie und teilten die Fassade in einen christlichen Himmel und in einen klassischen Himmel der antiken Götter der Künste und Wissenschaften auf. Die Darstellungen am vorspringenden Erker direkt neben der Kirche sind dem christlichen Himmel gewidmet. Ganz oben finden wir im Christogramm IHS (JESUS HOMINUM SALVATOR – Jesus Retter der Menschen) den göttlichen Bezug, darunter Maria. Sie ist als Mondsichel-Madonna gestaltet, wie sie in der Apokalypse beschrieben wird: als die Frau, die »von der Sonne bekleidet, von Sternen bekrönt auf dem Monde steht«. Als Text ist ihr der Beginn eines altchristlichen Gebets beigegeben: TOTA PULCHRA ES MARIA (»Ganz schön bist du Maria«). Ein Stockwerk tiefer, in dem heute leeren Medaillon, war St. Joseph gemalt, der Patron des Handwerks und der Künste. Sinnbildlich sind darunter Glaube, Hoffnung, Liebe ausgedrückt. Darunter wiederum finden wir Putti mit den Zeichen der drei Bildenden Künste, die die Brüder ausübten: Malerei, Plastik, Architektur. Das Portal wird eingerahmt von zwei Hermen, die Musik und Dichtkunst (mit Lorbeerkranz) personifizieren. Die originalen Portalflügel befinden sich inzwischen im Bayerischen Nationalmuseum und tragen Schnitzereien mit Szenen aus dem Alten und Neuen Testament. Die große Fassadenfläche links neben dem Erker bildet den antiken Götterhimmel ab. An oberster Stelle steht Apoll, der Gott der Künste und Führer der Musen. Seine Attribute sind Bogen, Leier und Lorbeer. Rechts und links gesellen sich Symbole für Ruhm und Reichtum zu ihm.

Darunter findet sich Pegasus, das geflügelte Pferd, das durch einen Hufschlag die Musenquelle aus dem Felsen sprudeln lässt. Den Lauf der Quelle begleiten links Darstellungen der Schönen Künste mit Ganymed und rechts Darstellungen der Wissenschaften Musik, Astronomie, Geografie, Heilkunst, Mathematik und Theologie. Die Musenquelle, die Lebensquelle, wird in einer Schale aufgefangen, die auf dem Zahlenband (VI–XII–II) der Sonnenuhr steht. Schattenstab und Zahlenband der Sonnenuhr werden von zwei Putti gehalten. Dem willigen Menschen in Gestalt eines Putto weist Pallas Athene den Weg zum Götterhimmel, sie führt ihn die Treppe hinauf zu den Künsten und Wissenschaften. Vergeblich versucht ein Betrunkener, ihn zurückzuhalten. Ein weiterer Putto deutet auf die Sonnenuhr, die eine Ermahnung darstellt, die Zeit zu nützen.

Ganz links an der Fassade findet sich der Hinweis auf die nicht gut genützte Zeit, auf die sinnliche Welt. Neben Faunen sind ein Satyr mit Bock dargestellt, Amor und die fliehende Vergänglichkeit. Kunsthistorisch gesehen ist die Fassadenausschmückung eher dem Rokoko zuzuordnen. Inhaltlich ist sie jedoch aus der universalen Sicht des barocken Menschen gestaltet, für den profane und sakrale Kunst nicht getrennt sind. So wie sich im Barock die Grenzen zwischen Malerei, Skulptur und Architektur nahezu auflösen, ist es für den barocken Menschen keine Schwierigkeit, tiefe Religiosität mit extremer Lebenslust zu vereinen, christliche Überlieferung mit antiker Götterlehre und mit Stolz auf die Wissenschaften.

Uhren werden in der barocken Kunst eingesetzt, um die Menschen in ihrer oft maßlosen Lebensweise zu ermahnen: Die Zeit ist begrenzt, wir können ihren Ablauf nicht verlangsamen, wir können sie nur möglichst gut nützen. Das Memento mori (frei übersetzt: bedenke, dass du sterben musst) wird in der Literatur und in der darstellenden Kunst immer wieder dem Leser bzw. dem Betrachter vor Augen gehalten. So nimmt die Sonnenuhr inmitten der barocken Fassade in der Fülle der Darstellungen einen ganz selbstverständlichen Platz ein.

## Sonnenuhr mit Lob auf den guten Tropfen (Pfaffenweiler)

Zwischen Freiburg im Norden und Basel im Süden erstreckt sich das Markgräfler Land, eines der Badischen Weinbaugebiete. Im nördlichen Teil dieser schönen Landschaft, im Schneckental, liegt Pfaffenweiler. Wenn wir dort die Weinstraße entlang spazieren, stoßen wir an der Ecke zur Rathausgasse auf eine horizontale erhöhte Sonnenuhr (N 47°56′, O 7°45′). Das Zifferblatt hat einen Durchmesser von etwa 40 cm und zeigt am Rand durchgehende Stundenmarkierungen von 1 bis 24.

Auf dem Zifferblatt fallen zwei Dinge auf: der Name Jasper und der Spruch »Gib jedem Tag einen Tropfen Freude«. Dass hier ein Tropfen als Maß der täglichen Freude gewählt wurde, kommt nicht von ungefähr und bringt Assoziationen zum »gu-

ten Tropfen«, zum Wein. In der Gemeinde Pfaffenweiler werden nachweislich seit dem Jahr 716 Reben angepflanzt, heute noch gibt es 140 Winzer im Ort und die Weinberge von Pfaffenweiler gehören zu den besten Weinlagen Deutschlands.

Im 19. Jahrhundert waren auch in Baden Kriege, Kartoffelfäule, Missernten beim Getreide Ursachen für Not und Armut. Amerika schien das Gelobte Land zu sein, in dem es Arbeit, Brot und Freiheit gab. Mitte des 19. Jahrhunderts gab es in Pfaffenweiler eine Massenauswanderung nach Nordamerika.

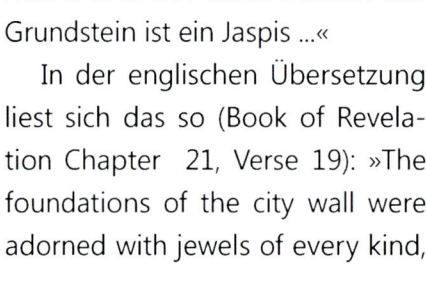

Seit August 1994 erinnert in Pfaffenweiler ein Partnerschaftsstein vor dem Rathaus an diese Notzeiten.

Nahezu 300 Einwohner ließen sich in Jasper im Bundesstaat Indiana nieder. Sie waren am Aufbau der Stadt beteiligt und prägten deren Geschichte mit. Über den Ortsnamen von Jasper ist Folgendes überliefert: Die Siedler haben in der Bibel nach einem Namen für ihre neue Heimat gesucht. Sie wählten eine Stelle aus der Offenbarung des Johannes (21,19). Da heißt es über das Neue Jerusalem: »Die Grundsteine der Stadtmauer sind mit edlen Steinen aller Art geschmückt; der erste Grundstein ist ein Jaspis ...«

In der englischen Übersetzung liest sich das so (Book of Revelation Chapter 21, Verse 19): »The foundations of the city wall were adorned with jewels of every kind,

the first of the foundation-stones being jasper ...« So soll der Ort zu seinem Namen gekommen sein.

Jasper ist seit 1985 die Partnergemeinde von Pfaffenweiler. Mit heute über 13.000 Einwohnern ist es die ungleich größere Partnerstadt. Trotzdem ist es eine sehr lebendige Partnerschaft. Privatpersonen, Abgeordnete der Gemeinden, Mitglieder von Vereinen fliegen über den Atlantik und besuchen sich gegenseitig. Von jungen Menschen werden Schüleraustausch oder Praktika wahrgenommen, um Land und Leute kennenzulernen. In Jasper gibt es einen Deutschen Verein, der es sich zum Ziel gesetzt hat, das deutsche Erbe nicht in der Vergessenheit versinken zu lassen, sich darauf zu besinnen, es zu erhalten und freundschaftliche Beziehungen zu Pfaffenweiler zu pflegen.

Die Sonnenuhr wurde 1992 von Steinmetz Waldemar Eckert aus Pfaffenweiler Kalksandstein gefertigt. Zwei historische Steinbrüche erinnern heute noch daran, dass die Bevölkerung über Jahrhunderte hinweg hauptsächlich von der Landwirtschaft, vom Wein, aber auch vom Stein gelebt hat. Doch das ist wieder eine andere Geschichte.

St. Pirmin war ein Wanderbischof vermutlich iro-fränkischer Herkunft. Er gründete im 8. Jahrhundert eine Reihe von Klöstern wie z. B. Murbach im Elsass oder Gengenbach. Im Jahre 724 kommt er mit etwa vierzig Mönchen auf die Insel Reichenau im Bodensee, auf der das erste rechtsrheinische Kloster entsteht (N 47°42', O 9°4'). Die Mönche leben nach der Regel des hl. Benedikt und haben es sich zum Ziel gesetzt, die Alemannen zum Christentum zu bekehren. Sinnbild für das Wirken Pirmins ist die Vertreibung der Schlangen von der Insel, wie die Chronik berichtet und was ein barockes

Gemälde darstellt, das im südlichen Seitenschiff des Reichenauer Münsters hängt. Nach der Legende soll sich bei Pirmins Ankunft alles kriechende Getier, das die Insel schädigte, ins Wasser gestürzt haben und für immer verschwunden sein. Der Hintergrund dieser Legende ist wohl die Tatsache, dass dem Gottesmann die Kraft zugeschrieben wurde, das Böse zu vertreiben, und dass die Mönche die Insel gerodet und zu einer fruchtbaren Landschaft gemacht haben, zur reichen Aue.

Das Kloster wurde im 18. Jahrhundert aufgehoben, war jedoch während seiner Blütezeit ein religiöses, geistiges und kulturelles Zentrum Europas. Die Reichenauer Äbte waren Räte und Beamte am Kaiserhof, Prinzenerzieher, Diplomaten und Gesandte, bedeutende Bischöfe. Unter den Mönchen waren Gelehrte wie Walahfrid Strabo oder Hermann der Lahme. Sie hatten Einfluss auf Politik, Architektur, Literatur, Musik, Malerei. Die Reichenauer Schule der Buchmalerei ist auf der ganzen Welt bekannt. Der großen Zeit als Klosterinsel verdankt die Reichenau die Tatsache, dass sie im Jahre 2000 in die Unesco-Liste Weltkulturerbe aufgenommen wurde. Der hl. Pirmin ist 753 gestorben, seine Reliquien befinden sich in der Jesuitenkirche in Innsbruck, er ist einer der Patrone der Stadt. Sein Attribut ist eine Schlange oder auch eine Kröte und bezieht sich auf die Legende seiner Ankunft auf der Reichenau.

An der Reichenauer Sonnenuhr (DGC 3015) windet sich eine Schlange um seinen Krummstab, eine weitere findet sich unter seinem Fuß, das Reichenauer Münster ist dargestellt und im Spruchband lesen wir die Maxime der Benediktiner: ORA ET LABORA – bete und arbeite.

## Sonnenuhren des Klosters Schöntal (Schöntal)

Zisterziensermönche aus Maulbronn gründeten 1157 im schönen Jagsttal ein Kloster (N 49°20′, O 9°30′). Das Gelände dafur stiftete die Familie von Berlichingen unter der Auflage »... dass so oft einer von Berlichingen mit Tod abginge, sollen Abt und Convent verpflichtet sein, den Toten mit einem

Biergespann abholen zu lassen, dann, wenn der Leichnam vor der Klosterpforte ankäme, ihn processionsweise in die Kirche zu geleiten, die gewöhnlichen Requien halten zu lassen und endlich im Kreuzgange des Klosters – der für immerwährende Zeiten der Familie von Berlichingen als Grabbegräbniß überwiesen wird – feierlich beizusetzen.« Bis kurz nach der Reformation wurde diese Auflage erfüllt. Auch Götz von Berlichingen (ca. 1480–1562) hat hier seine letzte Ruhe gefunden, sein Grabstein steht im Ostflügel des Kreuzgangs. In dem Drama »Götz von Berlichingen mit der eisernen Hand« hat Johann Wolfgang von Goethe dem streitbaren Ritter und dessen berühmtem Zitat ein Denkmal gesetzt.

Das Kloster Schöntal erlebte unter Abt Benedikt Knittel Ende des 17./Anfang des 18. Jahrhunderts eine Blütezeit. Die prächtige barocke Klosterkirche und palastartige Abts- und Konventgebäude wurden in seiner Amtszeit und unter seinem Nachfolger errichtet. 1802 wurde die Abtei säkularisiert und diente bis 1975 als Evangelisches Theologisches Seminar. Seither ist Schöntal Bildungs- und Tagungshaus der Diözese Rottenburg-Stuttgart.

Abt Benedikt Knittel (1650–1732) ist nicht nur als Bauherr der imposanten Klosteranlage bekannt geworden, sondern auch als Verfasser – meist lateinischer – Knittelverse. Vor allem im Hohenloher Land führt man gern den Ursprung der Knittelverse auf den Abt dieses Namens zurück. Tatsächlich handelt es sich bei der Bezeichnung aber um nichts anderes als ein Versmaß. Knittelvers/Knüttelvers/Knüppelvers ist ein Reimvers, der in der frühneuhochdeutschen Dichtung verwendet wurde. Abt Knittel hat dieses Versmaß wieder aufgegriffen und mit großem Können angewandt. Seine zahlreichen Sinnsprüche sind an und in der Kirche und den Klostergebäuden zu finden und oft mit einem Chronogramm kombiniert. Für das geregelte Zusammenleben in Klöstern, für den Wechsel von Gebet und Arbeit, waren Zeitmesser unerlässlich. Im Bereich des ehemaligen Klosters Schöntal gibt es vier Sonnenuhren:

## Wand-Sonnenuhr an der Ostfassade des Konventgebäudes

Römische Ziffern von V bis XI Uhr; Halbstundenpunkte; Tierkreiszeichen; in der linken unteren Ecke des Zifferblattes Wappen des Abtes Knittel (DGC 497). Es ist ein Redendes Wappen: ein gepanzerter Arm hält die Herakleskeule. Keule, Knüppel, Knüttel, Knittel. Chronogramm: 1705. Um das Wappen laufender Text:

Terbene CoenobIVM BENEDICTO Abbate regente Quinquies quinto (»Im fünfundzwanzigsten Jahr der sehr guten Regierung des Abtes Benedikt«, Chronogramm: 1705).

Inschriften:

MANE HORAS PRAESTO; POST PRANDIa Cesso; QVIESCO Chronogramm: 1707 (»Morgens zeige ich die Stunden an; nach dem Vesper weiche ich; dann ruhe ich«)

In Choabar seCVnDo SepteMbrIs Chronogramm: 1707 (»Ich wurde am zweiten September begonnen«)

HoroLogIVM DeCLInans A sept(imo): I nonVM CIrCa capriD(iem)

(»Die Uhr neigt sich (fällt aus) vom ungefähr siebten (davor) bis neunten (danach) Tag des Steinbocks«)

Auf der untersten längsten Datumslinie im Zeichen des Krebses wird der längste Tag des Jahres angezeigt, ins Zeichen des Steinbocks, auf der obersten Datumslinie, fällt der kürzeste Tag des Jahres. Die Inschrift bezieht sich auf die etwa zwanzig Tage im Jahr, an denen die Uhr nichts anzeigt.

## Wandsonnenuhr, Steinplatte über dem südlichen Torbogen zum Klosterhof

Arabische und römische Ziffern von acht bis neunzehn Uhr, Halbstundenpunkte (DGC 84).

Abt Knittel hatte den Taufnamen Johannes und bekam beim Ablegen der Mönchsgelübde den Namen Benedictus – der Gesegnete. Als Gesegneter, als Phoebus, der Leuchtende, ja sogar als Sonne mag er sich selbst gesehen haben, als er nach einundzwanzig Jahren Abtherrschaft an der Sonnenuhr folgende Inschrift anbringen ließ:

VNO AC BIS DENIS PHOEBVS BENEDICTVS AB ANNIS HVIC VALLI LVX EST: HINC SPECIOSA VIGET

Chronogramm: 1704 (»Zwanzig und ein Jahr ist Phoebus Benedictus für dieses Tal ein strahlendes Licht: seither gedeiht es prächtig«).

In einigen Kommentaren wird dieser sehr selbstbewusste Satz mit dem Argument infrage gestellt, dass der Abt bescheiden war und dass sich »Benedictus« hier nicht auf den Abtnamen, sondern auf Phoebus beziehe, also: »... seit einundzwanzig Jahren ist die gesegnete Sonne diesem Tal ein strahlendes Licht ...« Dieser Auslegung kann ich mich nicht anschließen, denn die Sonne scheint schon länger als einundzwanzig Jahre auf das Tal.

## Wandsonnenuhr

Die Wandsonnenuhr (DGC 1014) zeigt römische Ziffern von sieben bis achtzehn Uhr, Halbstundenpunkte, darüber das Wappen des Abtes.

Benedikt Knittel hat im Zuge seiner Bautätigkeit diesen Offiziantenbau für die weltlichen Klosterbeamten errichten lassen, heute sind darin die Klosterapotheke und ein großer Weinkeller untergebracht. 1700 als Chronogramm, das Jahr der Fertigstellung des Gebäudes, ist auch das Entstehungsjahr der Sonnenuhr. Die Inschrift sagt:

MAGNA AEDE HAC ERECTA;
MEAS HORAS DE CORRECTA,
METHODO NEC NO PERFECTA,
MORE PRODECENTE SPECTA /
MANENT A DEO HAEC TECTA
MODO ET POST HAC PROTECTA«
MDCC

(»Nachdem dieses große Gebäude errichtet ist, betrachte meine Stunden nach einer zutreffenden und durchaus angebrachten Methode auf geziemende Weise. Diese Dächer bleiben von Gott geschützt jetzt und künftig«)

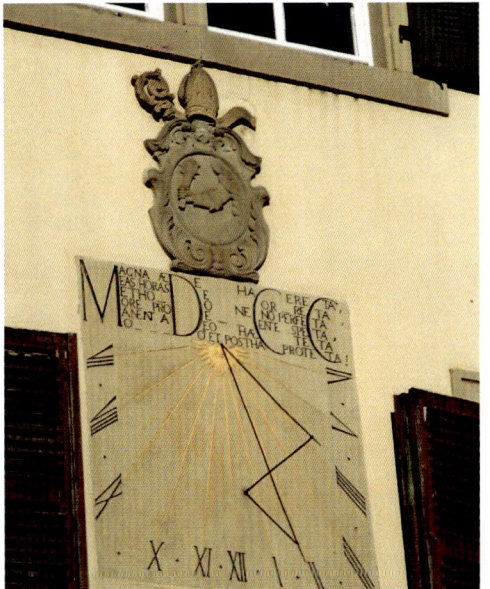

## Wandsonnenuhr am ehemaligen Klosterwaschhaus

Die Wandsonnenuhr (DGC 10238) wurde 1701 fertiggestellt und hat römische und arabische Ziffern von zwölf bis acht (zwanzig) Uhr, Halbstundenpunkte, heute Gasthof zur Post. Inschrift:

HOMO OCCIDET: MORS OCCIDET: HINC HORAM DOCEO OCCIDENTEM

Chronogramm: viermal 1701 (»Der Mensch wird untergehen: Der Tod wird untergehen: Deshalb zeige ich die Stunde des Untergangs«).

Diese Westuhr zeigt die Stunde des Sonnenuntergangs an. Vielleicht bezieht sich die zweite Textzeile auf den Gedanken, dass durch Christus und dessen Auferstehung auch der Tod untergehen, besiegt werden wird. Die Texte auf den vier Sonnenuhren des Klosters Schöntal spannen einen Bogen vom Stolz auf das Geleistete über die Gewissheit des Schutzes bis hin zur Hoffnung auf das Ewige Leben.

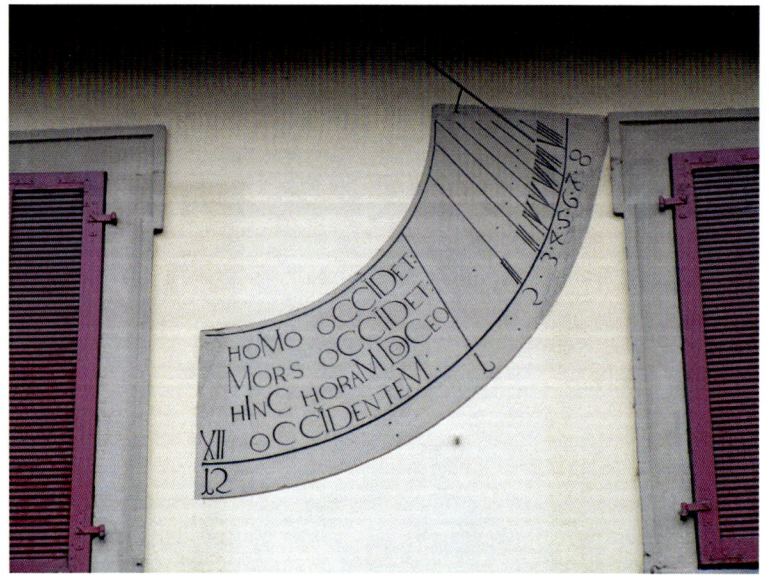

## Eine Richard-Bampi-Sonnenuhr (Schopfheim)

Die Sonnenuhr in Schopfheim im Wiesental erinnert an zwei Männer, die ein Gedenken wert sind: an den katholischen Priester und Pazifisten Dr. Max Metzger und an den Keramiker Richard Bampi. Angebracht ist die Sonnenuhr am Gebäude der Dr. Max-Metzger-Grundschule (DGC 15183).

Max Josef Metzger wurde 1887 in Schopfheim geboren und 1944 von den Nationalsozialisten im Zuchthaus in Brandenburg-Görden hingerichtet. Er wird als Märtyrer verehrt. Gedenktafeln an verschiedenen Orten Deutschlands, ein Stolperstein und die Benennung von Gebäuden halten die Erinnerung an ihn wach. Die Sonnenuhr an der Schule hat Richard Gustav Bampi

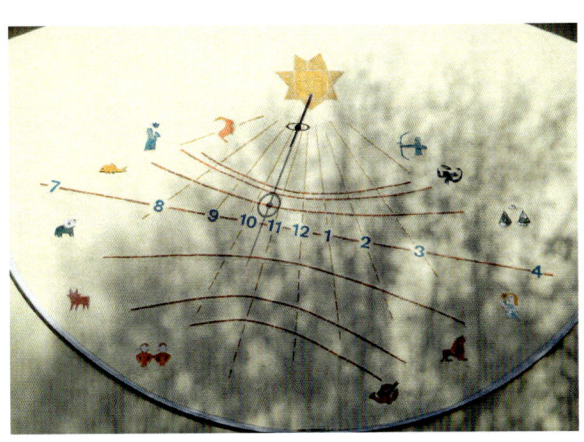

(1896–1965) gestaltet, sie wurde 1957 an der Südwand der Turnhalle angebracht (N 47°40′, O 7°50′). Bampi war Keramiker und Maler. Studienjahre führten ihn ins Ausland, auch nach Weimar ans Bauhaus zu Walter Gropius. Im südbadischen Kandern hat sich Richard Bampi eine Keramikwerkstatt eingerichtet. Seine Gefäße und die von ihm entwickelten Glasuren fanden in weltweiten Ausstellungen Beachtung. Die Sonnenuhr zeigt Stundenanzeigen von sieben Uhr am Morgen bis vier Uhr am Nachmittag und Datumslinien. Der Schattenstab wächst aus einem Sonnengesicht, das von Sternenzacken umgeben ist. Datumslinien und Stundenli-

Jungfrau, Waage,
Skorpion, Schütze

nien enden an den Symbolen der zwölf Tierkreisabschnitte. Alle von der Wand erhabenen Flächen sind mit kleinen Keramikfliesen geschaffen.

Freiburger erinnern sich immer wieder an Richard Bampi, vor allem durch zwei seiner Objekte: durch bunte Fliesen im Innenhof der Alten Universität und durch die Erpel-Plastik im Stadtgarten. Julius Bissier hat als Miniatur das Mosaik für den östlichen Innenhof der Alten Universität entworfen, Bampi hat die Fliesen für diesen vierzehn Meter langen Wandschmuck geschaffen und das Werk plastisch ausgeführt. Leider hat es im Laufe der Jahre durch äußere Einflüsse sehr gelitten. Es wird zusätzlich durch einen Perückenstrauch stark überwuchert.

Historisch nicht belegt, aber immer wieder erzählt wird, dass Gänse am 27. November 1944 vor dem verheerenden Bombenangriff auf Freiburgs Innenstadt so aufgeregt geschnattert hätten, dass die Anwohner aufmerksam wurden und sich rechtzeitig in ihre Keller retten konnten. Mit dem Erpel im Stadtgarten hat Richard Bampi diesen Gänsen ein Denkmal gesetzt. Vandalismus hat auch hier nicht haltgemacht, der Schnabel wurde mutwillig abgebrochen.

In den Sockel ist der Satz eingemeißelt:

DIE KREATUR GOTTES KLAGT, KLAGT AN UND MAHNT

## Stadt der Sonnenuhren (Sohland an der Spree)

Etliche Orte sind stolz auf Attribute wie »Stadt der Sonnenuhren« oder »Sonnenuhrendorf«. Wenn ein Dorf diesen Titel zu Recht trägt, dann ist es Taubenheim, in dem zahlreiche Sonnenuhren die Ecken und Giebel der Häuser schmücken. Taubenheim ist mit Sohland und Wehrsdorf seit 1994 zur Gemeinde Sohland an der Spree (N 51°3′, O 14°26′) zusammengeschlossen. Ein Rundgang durch die drei Ortsteile lohnt sich schon wegen der für die Lausitz typischen Umgebindehäuser, aber vor allem wegen der historischen und modernen Sonnenuhren, deren Malereien und Texte in Bezug zu den Bewohnern oder zur Nutzung der Häuser stehen. Die

Ecksonnenuhren waren ursprünglich aus Holz, das inzwischen durch wetterfeste Materialien ersetzt wurde, vor allem durch Aluminium und eine spezielle Folie. Auf vielen finden sich die Initialen des Grafikers Mar-

tin Hölzel (1908 – 1994), der für Sohland über dreißig Sonnenuhren hergestellt und etliche vorhandene restauriert hat. Aus der Fülle der Ecksonnenuhren greife ich vier Beispiele heraus:

## Karaseckhaus, Taubenheim, Spreeweg 3 (DGC 5493)

Die Sonnenuhr von 1984 schmückt die Südost-/Nordostecke des Hauses. Auf dem Südost-Zifferblatt ist der Räuberhauptmann Karaseck abgebildet und in römischen und arabischen Ziffern sind Wahre Ortszeit und Sommerzeit von VI – XVI Uhr bzw. 7 – 17 Uhr abzulesen. Der Text erzählt: »Hier fand der berüchtigte Räuberhauptmann Karaseck – genannt »Böhmischer Hansel« – bei seinen Raubzügen ins Sächsische amouröse Unterkunft. Er starb 1809 nach Fron und Festungshaft in Dresden im Alter von 44 Jahren«. Auf die »amouröse Unterkunft« weisen Herz und Pfeil hin. Auf dem Nordost-Zifferblatt sind ein Weg und drei Tannen dargestellt, die Stundenangaben reichen von III bis X Uhr. Der Text zur Sonnenuhr lautet: »Erbaut 1753 – Restauriert 1983«.

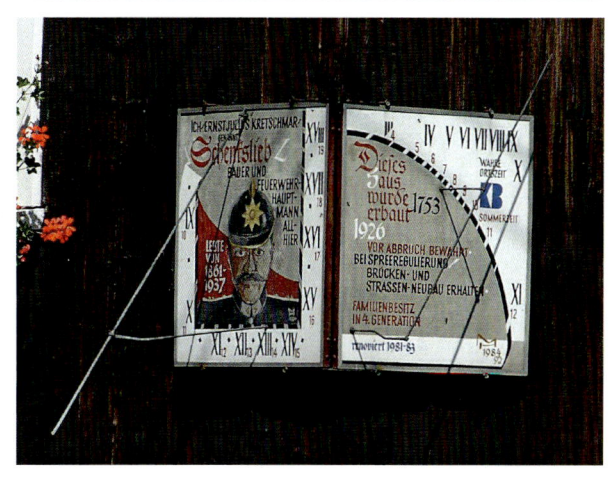

Johannes Karasek (1764–1809) – nach seinem Geburtsort auch »Prager Hansel« genannt – war der Anführer einer Bande, die in der Oberlausitz und in den böhmischen Grenzgebieten ihre Raubzüge ausführte. Er wurde gefasst, zum Tode und nach einem Gnadengesuch zu lebenslanger Haft verurteilt.

### Bei Schenksliebs, Taubenheim, Sohlander Straße 50 (DGC 5494)

SO/SW-Uhr, renoviert 1981–83; SO-Zifferblatt: Unter einem Porträt findet sich die Inschrift:
ICH ERNST JULIUS KRETSCHMAR, GENANNT Schenkslieb, BAUER UND FEUERWEHRHAUPTMANN ALLHIER LEBTE VON 1861–1937.

Das Zahlenband (Wahre Ortszeit und Sommerzeit) reicht von IX–XVIII und von 10–19 Uhr. Der Text auf dem SW-Zifferblatt beschreibt die Geschichte des Hauses:
Dieses Haus wurde 1753 erbaut.
1926 VOR ABBRUCH BEWAHRT BEI SPREEREGULIERUNG BRÜCKEN- UND STRASSEN-NEUBAU ERHALTEN – FAMILIENBESITZ IN 4. GENERATION
Wahre Ortszeit III–X, Sommerzeit 4–12 Uhr.

## Bei Schmiedslobl'n, Taubenheim, Sohlander Straße 82 (DGC 5492)

Neue SO/NO-Uhr von 1984; Südzifferblatt: »1862–1943« Unter einer Balkenwaage scheint ein Hauseingang mit der Nummer 208 in den früheren Krämerladen zu führen, über der Tür ist zu lesen: Materialwaren August Herbrig, seitlich unter den Waagschalen stehen die Namen:
CARL AUGUST, CARL-WILHELM, AUGUST, FRIEDR.-ADOLF, RICHARD-HERBERT genannt Schmiedslob'l«.
Wahre Ortszeit und Sommerzeit sind von 7–18 Uhr bzw. 6–17 Uhr abzulesen. Ostuhr:
PFEFFER + SALZ, ZUCKER + SCHMALZ, NÄGEL + TOPFEN, WÜRZIGE TROPFEN, PETROLEUM + KERZEN, SALBE FÜR SCHMERZEN, SÜSSHOLZ UND LEIM, KAUFTE MAN EIN. / SEIT 1850 FAMILIENBESITZ
Wahre Ortszeit und Sommerzeit von 4–10 bzw. 4–11 Uhr.

84

## »Altes Doktorhaus«, Wehrsdorf, Dresdener Straße 38, Süd-Ost-Uhr von 1987 (DGC 5795)

Das vierte Beispiel findet sich im Ortsteil Wehrsdorf. Auf dem Südzifferblatt dienen die Strahlen einer Sonne als Stundenlinien, die Zeitanzeige umfasst Mitteleuropäische und Wahre Ortszeit von VIII–XVIII und 9–19 Uhr. Auf einer Lemniskate sind Monate und Datumslinien markiert. Ent-

sprechend der Nutzung als Doktorhaus ist der Äskulapstab als Zeichen der Ärzte und Heilberufe dargestellt. Dieses Symbol geht auf Asklepios zurück, den griechischen Gott der Heilkunst. Sein Attribut ist ein Stab, an dem sich eine Schlange hochwindet. Über die Herleitung des Symbols gibt es verschiedene Theorien. Schlangengift wurde in der Medizin verwendet, außerdem war die Schlange durch ihre Häutung Sinnbild für Veränderung und Heilung. Eine andere Version sagt, dass der antike Gott Gemütskranken eine Schlange entgegenhielt. Zeigten sie wieder eine natürliche Reaktion, also ein Erschrecken, so sah er darin ein Anzeichen für Heilung. Die Inschrift auf dem Zifferblatt lautet: »Altes Doktorhaus bis 1928, Erbaut 1849 GGR«.

Am Ostzifferblatt verweist ein Spruch auf die frühen Stunden: »Ein guter Tag fängt morgens an!« Neben der Wahren Ortszeit von IV – XI Uhr ist Sommerzeit von 5 – 13 Uhr abzulesen. Geschmückt wird die Osttafel vom Wehrsdorfer Wappen. Unter der Kopfzeile »12 Wehrsdorf 32« finden sich im oberen Wappenfeld klerikale Symbole, darunter eine Mauer mit fünf Zinnen und ein Schwertträger, der vermutlich ein Zeichen für Gerichtsbarkeit darstellt. Die Zinnenmauer gibt es im Wappen der Stadt Bautzen und ebenfalls im Wappen des Markgraftums Oberlausitz. Das Domstift St. Petri in Bautzen hatte und hat Grundbesitz in Wehrsdorf. Dieses Stift gehörte zum ursprünglichen Bistum Meißen, das bis 1539 existierte und dessen Hoheitszeichen Lamm Gottes, Mitra, Bischofsstab und Kreuz waren. Diese Elemente haben sich bis heute im Wehrsdorfer Wappen erhalten.

Inzwischen gibt es in Sohland an der Spree sechsundfünfzig Sonnenuhren, einundvierzig davon im Ortsteil Taubenheim. Wie viele werden es wohl beim nächsten Besuch sein?

## Eine neue Sonnenuhr (St. Märgen)

St. Märgen im Schwarzwald (N 48°0′, O 8°6′) ist ein beliebter Erholungsort, ist Wallfahrtsort und außerdem Hochburg der Schwarzwälder Kaltblutzucht. Alle drei Jahre findet das »Roßfest« statt mit einer Leistungsschau der Pferde und mit Darbietungen und Umzug für die Teilnehmer. Die Anfänge der Siedlung gehen auf eine Klostergründung im Jahr 1118 zurück, und so feierte die Gemeinde 2018 zwölf Monate lang ihr neunhundertjähriges Bestehen. Festgottesdienste,

Konzerte, Schauspiel und eine Ausstellung bereicherten das Jahr. Im Rahmen dieses Jubiläums haben private Spender eine Sonnenuhr gestiftet. Vorgestellt wurde die Uhr während des Pfarrfestes am Sonntag, den 12. August 2018. Die neue vertikale Sonnenuhr (DGC 18175) schmückt an der Pfarrkirche die Südwand der Sakristei.

Auf einer Sandsteinplatte ist am Zifferblatt in Stundenintervallen Wahre Ortszeit von 6 – 18 Uhr abzulesen. In den vier Ecken sind die vier Kirchen auf St. Märgener Gemarkung stilisiert dargestellt: rechts unten über dem Jubiläumsdatum die ehemalige Klosterkirche und heutige Pfarr- und Wallfahrtskirche Maria Himmelfahrt, von da im Gegenuhrzeiger-

sinn: die Wallfahrtskirche zum heiligen Judas Thaddäus (Ohmenkapelle), die St. Wolfgangskapelle auf dem Thurner, die Rosenkranzkapelle in der Glashütte.

An der Kirchenwand wurde unterhalb der Sonnenuhr eine Info-Tafel mit folgendem Text angebracht: »Aus Anlass der 900-Jahr-Feier Sankt Märgens 2018 stifteten Sankt Märgener Bürger diese neue Sonnenuhr an der Sakristeiwand. Bis zum Kirchenbrand 1907 gab es bereits eine aufgemalte Sonnenuhr an der Südfassade der Josefskapelle. Eine Sonnenuhr war früher die einzige Möglichkeit, die Uhrzeit genau festzulegen bzw. zu kontrollieren, denn die Räderuhren hatten keine hohe Ganggenauigkeit. Deshalb war auch in der Regel an jedem Gebäude mit einer Turmuhr eine Sonnenuhr angebracht. Die Sonnenzeit wurde dem Menschen, der die Turmuhr justierte, zugerufen. Die Glocken teilten dann wiederum den Menschen im Umland die Uhrzeit mit und diese wurde von Hofkapelle zu Hofkapelle weitergetragen.

Die neue Sonnenuhr zeigt die sogenannte Wahre Ortszeit an. Das heißt, wenn die Sonne mittags im Zenit steht, zeigt der Schatten 12 Uhr an. Sankt Märgen liegt auf dem 8. östlichen Breitengrad und damit weicht die angezeigte Zeit um etwa 28 Minuten von der Mitteleuropäischen Zeit (MEZ) ab.

Erst am 1. April 1893 wurde die MEZ in Deutschland als Einheitszeit fürs ganze Land festgelegt. Grund für die Einheitszeit war die Vernetzung durch die Eisenbahn und die Notwendigkeit einheitlicher Fahrpläne. Die MEZ richtet sich nach der Wahren Ortszeit auf dem 15. östlichen Breitengrad. Das entspricht der Stadt Görlitz, damals in der Mitte des Landes und heute die östlichste Stadt Deutschlands. Bei der neuen Sonnenuhr handelt es sich um eine vertikale Süduhr. Das Zifferblatt ist senkrecht, ebenso wie der Schatten auf 12 Uhr und exakt nach Süden ausgerichtet. Nur an zwei Tagen, zur Tag- und Nachtgleiche im Frühjahr und im Herbst, kann das gesamte Zifferblatt ausgenutzt werden. Im Sommerhalbjahr verschattet das Gebäude während der Morgen- und Abendzeiten die Uhr und im Winter sind die Tage schlicht zu kurz, um die vollen zwölf Stunden anzuzeigen.«

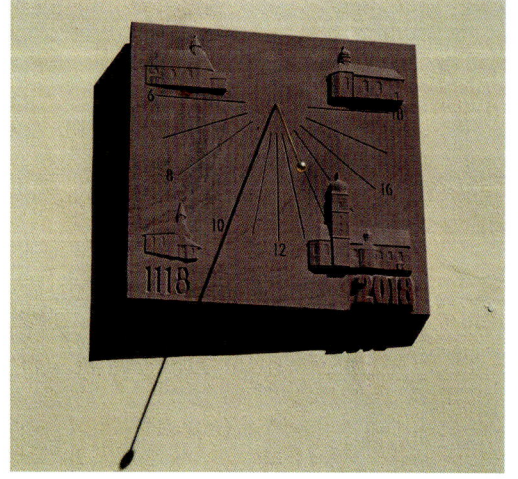

## Die Madonna in der Sonnenuhr (Tiengen)

Tiengen am Hochrhein (N 47°38', O 8°16') besitzt die prächtige barocke Kirche Mariä Himmelfahrt, ein Werk des Vorarlberger Baumeisters Peter Thumb. Die Turmsüdwand wird von einer vertikalen Sonnenuhr (DGC 1623) geschmückt.

Die Stundenangaben durch römische Ziffern von VI bis VI Uhr werden durch Strahlen in Halbstundenintervalle geteilt. Angezeigt wird Wahre Ortszeit. Unter dem Fußpunkt des Polstabs ist in einem wappenförmigen Schild Maria mit ihrem Kind dargestellt. In den heutigen Kirchenbau wurde der untere Teil des gotischen Kirchturms integriert. Untersuchungen von Putz- und Farbschichten brachten zutage, dass schon vor der Barockzeit eine gemalte Sonnenuhr existierte, auf der Reste einer ein Zepter tragenden Madonna zu erkennen waren. Da eine Restaurierung zu aufwendig gewesen wäre, ist die heutige Sonnenuhr ein Werk von 1976. Entwurf und Ausführung stammen vom Tiengener Kunstmaler Paul Przybylski (1913–1994). Dessen Signatur und die Datierung sind über dem rechten Schallfenster zu erkennen.

Im 13. Jahrhundert fiel Tiengen an den Bischof von Konstanz und erhielt die Erlaubnis, das Siegel des Konstanzer Domkapitels als Stadtsiegel und als Stadtwappen zu übernehmen. Auch nach dem Zusammenschluss mit Waldshut zur Doppelstadt Waldshut-Tiengen (1975) ist die Mondsichelmadonna aus dem neuen Wappen nicht verschwunden. In der Sonnenuhr ist dieses Motiv aufgenommen. Maria ist auf dem Thron Salomons, dem Thron der Weisheit, dargestellt, gekrönt und nimbiert. Mit der linken Hand umfasst sie ihr Kind, das ebenfalls einen Nimbus trägt. In ihrer Rechten hält Maria einen Apfel. Kaum eine Frucht ist mit so viel Symbolik ausgestattet wie der Apfel. In der Bibel ist er Sinnbild für den Sündenfall, in der griechischen Mythologie Zeichen für Fruchtbarkeit und Leben. Durch die Kugelform wird er zum Abbild der Erde und damit zum Reichsapfel, zum Symbol herrschaftlicher Macht. In der Hand der Madonna und des Jesuskindes ist ein Apfel Zeichen der Überwindung des Bösen, der Erlösung.

In der Tiengener Sonnenuhr hat das Kind seine Rechte zum Segensgestus erhoben, die Linke hält ein Buch (Bibel?). Die Mondsichel liegt Maria zu Füßen. Der Typus der Mondsichelmadonna ist in Anlehnung an den Text des Evangelisten Johannes entstanden, der in seiner Apokalypse (12,1) schreibt: »Dann erschien ein großes Zeichen am Himmel: eine Frau, mit der Sonne bekleidet, der Mond war unter ihren Füßen und ein Kranz von zwölf Sternen auf ihrem Haupt«. Die wohl älteste Darstellung dieser Vision findet sich im Hortus deliciarum, verfasst und mit wertvollen Miniaturen illustriert von Herrad von Landsberg (gest. 1195), Äbtissin des Benediktinerinnenklosters auf dem Odilienberg südwestlich von Straßburg. Von den Attributen der apokalyptischen Frau ist in der Sonnenuhr die Mondsichel übriggeblieben.

Auf der Marienglocke im Tiengener Kirchturm ist die Inschrift zu lesen: »Hehre Patronin der Klettgaustadt, die dich seit alters erwählt hat, sei der Gemeinde auch fürderhin Herrin, Mutter und Königin.« Das ist keine ungewöhnliche Anrufung, denn viele Städte, Länder, Reiche haben Maria zu ihrer Patronin erkoren. Sie haben sich nicht nur unter ihren Schutz gestellt, sondern wiesen ihr auch die Rolle als Schlachtenhelferin zu. Die Menschen waren überzeugt, mit ihrer Hilfe gegen den Feind zu siegen. Besonders ausgeprägt war diese Einstellung zur Zeit der Türkenkriege. Nach der Seeschlacht bei Lepanto 1571 gegen die osmanische Übermacht im Mittelmeer wurde in einem neu geschaffenen Marienfest (Rosenkranzfest) jedes Jahr an diesen Sieg über die Türken erinnert und der Madonna dafür gedankt. Zusätzlich wurden die Mondsichel-Darstellungen neu interpretiert. Maria wird zum Sinnbild für Kirche und Abendland, sie tritt auf den Feind, auf den türkischen Halbmond, den Islam. Vereinzelt wurde im Mond das Gesicht eines Osmanen dargestellt.

Lange vor dem Lepanto-Sieg hat Martin Luther zu Recht einen Mettengesang kritisiert:

*»Gleich wie die Junckfraw Maria über das gebirg gegangen und die berge tretten hat, also sol man sie anruffen, das sie mit denselben fussen den Türcken auch untersich tretten wolle.«*

So eine Sichtweise hat nichts mehr mit der biblischen Maria zu tun.

Den Menschen im Herzen Europas wurde eine lange Zeit des Friedens geschenkt, aus ehemaligen Feinden sind Freunde geworden. Das lässt hoffen, dass auch in Zukunft Madonna und Mondsichel nie mehr als Kriegs- oder Siegeszeichen gebraucht bzw. missbraucht werden.

## 2.000 Jahre Stadtgeschichte (Trier)

Trier (N 49°44', O 6°38') ist die älteste Stadt Deutschlands und wurde 16 v. Chr. als Augusta Treverorum von den Römern gegründet. Im heutigen Deutschland und in der heutigen Schweiz wurde neben Trier nur Augsburg und Augst die Ehre zuteil, nach dem Namen von Kaiser Augustus benannt zu werden. Zur Zweitausendjahrfeier 1984 machte das Land Rheinland-Pfalz der Stadt eine Brunnenanlage zum Geschenk. Dieser Brunnen wurde vom Bildhauer Karl Jakob Schwalbach als Horizontal-Sonnenuhr gestaltet und auf dem Platz vor dem Kurfürstlichen Palast angelegt. Die Installation ist allerdings mehr ein Kunstobjekt als eine »richtige« Sonnenuhr. Der Schattenstab ist nicht nach Norden geneigt. Der Brunnen-

stock, eine über 12 Meter hohe Granitsäule, dient als Schattenwerfer. Durch die Brunnenmitte verläuft eine Rinne in Ost-West-Richtung. Der Brunnenteller bildet das Zifferblatt, Schatten und Wasserqualler zeigen die Zeit an. Die Wasserqualler sind elektronisch im Stundenrhythmus gesteuert, zur vollen Stunde sind alle Qualler für einige Minuten in Betrieb. Jede volle Stunde ist ablesbar, wenn der gedachte erdachsparallele Zeiger (die Verbindungslinie zwischen einer Bronzeplatte an der Brunnenschale und dem Metall-

ring am senkrechten Säulenschaft)
eine Stundenmarkierung schneidet.
Angezeigt wird die Zeit von 7 Uhr
morgens bis 19 Uhr abends. Fünf
Bronzetiere am Brunnenrand stellen
einen Bezug her zu den wichtigsten
Geschichtsepochen der Stadt.

Das Pferd steht für das Reitervolk
der Treverer. Dieser keltische Stamm siedelte hier in vorchrist-
licher Zeit.

Der Adler, Sinnbild für Macht und Herrschaft,
ist eine Allegorie für die römische Zeit, die
von 16 v. Chr. bis ins 5. Jahrhundert andauer-
te. Er hält die Fasces in seinen Fängen. Diese
Rutenbündel mit Beil wurden von Liktoren
den römischen Machthabern vorangetra-
gen und sind Zeichen der Gewalt über Leben und Tod.

Das Lamm mit Schwert und Krummstab
verweist auf die weltliche und geistliche Macht der Kurfürsten
und Bischöfe ab dem 14. Jahrhundert.

Das Windspiel soll die preußischen Tugenden Treue und
Gehorsam symbolisieren. Trier wurde 1814 von preußischen Truppen eingenommen und blieb bis nach dem Ersten Weltkrieg preußisch.

Die Taube schließlich mit
dem Wappen von Rhein-
land Pfalz (seit 1946) steht

als Friedenszeichen für die Gegenwart. Eine Trinkwasserquelle bereichert die Brunnenanlage. Am Auslaufrohr werden die Gäste aus aller Welt in acht Sprachen auf Trinkwasser hingewiesen. Die Verbindung von Schattenlauf, dem Element Wasser und 2.000 Jahre Stadtgeschichte machen die Sonnenuhr auf dem Willy-Brandt-Platz in Trier zu einem außergewöhnlichen und sehenswerten Objekt.

## Ohren auf Sonnenuhren (Wasserburg am Inn)

Am Ostrand von Wasserburg am Inn (N 48°04', O 12°12') gibt es den Betreuungshof Rottmoos, ein Heim für Hör- und

Sprachgeschädigte. Wer schlecht hört, der beschäftigt sich besonders intensiv mit dem Ohr. So ist es nicht verwunderlich, dass der stilisierte Umriss dieses Sinnesorgans Grundriss der Ohrenkapelle wurde. Diese Kapelle gehört zum Betreuungshof und wurde 2011 eingeweiht. Die Silhouette von Ohren findet sich auch in zwei Wandsonnenuhren am Turm der Kapelle. Entworfen, konstruiert und gestif-

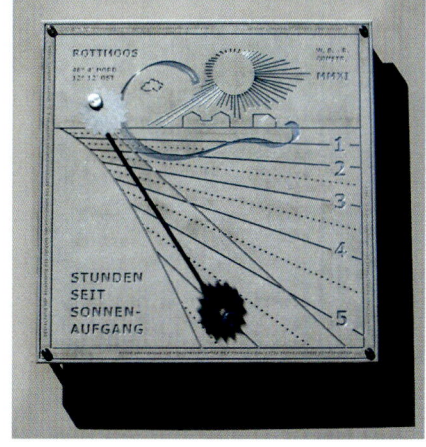

tet hat die Sonnenuhren der Diplom-Mathematiker Willy Bachmann. Die Aluminiumplatten sind an der Ost- und Westseite des Turmes angebracht, beide schmückt das Logo des Vereins zur Förderung des Betreuungshofes: Sonne und Wolke, die Gebäude der Einrichtung und ein liegendes Ohr. Ein Text auf der Fläche und am Rand der Metallplatten gibt Auskunft über die Sonnenuhren und über die an der Entstehung Beteiligten. Auf jeder Uhr ist eine sechszehnzackige metallene Sonne als Lochgnomon angebracht, der – bei Sonnenschein – einen Lichtpunkt auf die Skala wirft. Die Ostuhr (DGC 14256) zeigt babylonische Stunden an, die seit Aufgang der Sonne vergangenen. Auf der Westuhr (DGC 14255) sind die umgekehrten italischen Stunden abzulesen, die noch bis Sonnenuntergang verbleibenden. Die italische Stundenzählung war früher vor allem für Tätigkeiten

im Freien wichtig. Die Menschen wussten, wie lange sie noch Helligkeit hatten fürs Hinausfahren zum Fischen, die Arbeit auf dem Feld, das Erreichen einer schützenden Umgebung. Beide Zifferblätter haben – in Halbstundenintervallen und spiegelbildlich – eine Stundenanzeige von 1–6 Uhr und Datumslinien für Sommersonnenwende und Tag- und Nachtgleiche. In der Kapelle erinnern eine Reliquie und ein Bild an den Priester Filippo Smaldone (geboren 1848 in Neapel, gestorben 1923 in Lecce). Der Heilige hat sich vor allem um Gehörlose gekümmert und wurde deren Schutzpatron.

# FRANKREICH

## Die Sonnenuhren von Saint Sigismond (Aime)

Sonnenuhren bilden den Lauf des Schattens ab. Daher bieten sich die Zifferblattflächen für Sinnsprüche an, die an den Lauf der Zeit, an den kurzen Lauf des Lebens erinnern, und die ermahnen, diese Zeit zu nutzen. In den französischen Hochalpen in der kleinen Gemeinde Aime (Aime-la-Plagne, Savoie) finden sich Sonnenuhren mit einem ungewöhnlichen Text.

Die dortige Kirche Saint Sigismond wurde 1678 geweiht und besitzt eine reiche barocke Innenausstattung. Gewidmet ist sie Saint Sigismond (um 474–524), dem König der Burgunder, der im deutschen Sprachraum Heiliger Sigismund genannt wird. Seine Reliquien werden auch im Kloster St. Maurice/Wallis und

in Freising verehrt. Ursprünglich auf dem Hügel Saint Sigismond gebaut, war das Gotteshaus – wie üblich – geostet. Es wurde im 13./14. Jahrhundert an den heutigen Platz versetzt, seither liegen die Apsis im Norden und der Eingang im Süden. Das Bauwerk wurde in die Liste der Monuments Historiques aufgenommen und damit zum schützenswerten Denkmal. In diesem Artikel interessieren jedoch nur die drei vertikalen Sonnenuhren an den Außenwänden (N 45°33′, O 6°39′). Zwei davon finden sich an der Südwand links und rechts der Eingangstür. Ihr Entstehungsdatum ist mit 1816 angegeben, 1971 wurden sie restauriert. Die Zifferblätter sind von einem spätbarocken Rahmen eingefasst und jeweils mit Blumengirlande und Blumenvase als oberem Abschluss geschmückt. Die Stundenlinien sind als Pfeile gezeichnet, dazwischen wurden Punkte für die halben Stunden gesetzt. Von 6 Uhr am Morgen bis 6 Uhr am Abend ist die Zeit abzulesen, zusätzlich ist auf der rechten Uhr eine Datumslinie für die Tag- und Nachtgleichen eingetragen. Die Schattenwerfer sitzen im Mittelpunkt einer gemalten Sonne. Auf dem rechten Zifferblatt ist in dieser Sonne ein bärtiges Gesicht dargestellt: Ist es der Mond, oder ist es eine »âme infidèle«? Ungewöhnlich ist der Text, in jeweils zwei Zeilen auf beide Uhren verteilt:

A TOUTE HEURE, AUX MECHANTS, DIEU PRODIGUE SES DONS.
SON SOLEIL LUIT SUR LUI, AINSI QUE SUR LES BONS,
VERSE SES FAVEURS SUR UNE AME INFIDELLE
QUE L'ABUS DE SES DONS RENDRA PLUS CRIMINEL
(»Gott verteilt zu jeder Stunde seine Gaben an die Bösen.
Seine Sonne leuchtet auf sie ebenso wie auf die Guten,
er schenkt seine Gunst (auch) einer ungläubigen Seele,
die der Missbrauch seiner Gaben noch frevelhafter werden lässt.«)

In der Bergpredigt (Matth. 5,45) heißt es: »Der Vater im Himmel lässt seine Sonne aufgehen über Böse und Gute ...« Der Sinnspruch auf den Sonnenuhren von Aime geht einen Schritt weiter als der Bibeltext: Er enthält nicht nur eine Aussage über die Sonne, die ohne Unterschied auf alle scheint, sondern auch die Ermahnung, Gottes Gaben nicht zu missbrauchen.

Der Gedanke, dass alle Menschen in gleichem Maße bedacht werden, ist noch einmal in einer Sonnenuhr an der Ostwand der Kirche aufgegriffen. Dort ist ein quadratisches Zifferblatt auf den Putz gemalt. Sechs Pfeile als Stundenlinien markieren die Zeit zwischen 5 Uhr und 10 Uhr am Vormittag, zwei Seiten des Quadrats sind eingerahmt von dem Satz:
SOL LUCET OMNIBUS (»Die Sonne scheint für alle«)

Zwischen Colmar im Süden und Schlettstadt im Norden liegt Bergheim. Mit seinen mittelalterlichen Stadtmauern und Wehrtürmen gehört es zu den sehenswerten Orten an der Elsässischen Weinstraße. Dem Besucher, der die kleine Stadt durch das Westtor aus dem 14. Jahrhundert betritt, fällt nach wenigen Schritten auf der Grand'rue eine nicht nur sehr schöne, sondern ebenso interessante Sonnenuhr auf (N 48°12', O 7°22'). Sie ist 1711 entstanden und wurde 1959 und 1977 restauriert. Das quadratische Zifferblatt ist auf die Südwand eines Hauses gemalt. An das obere Ende hat der Maler neben das Entstehungsdatum ANNO MDCCXI seine Initialen gesetzt und den bedenkenswerten Spruch:

SICUT UMBRA FUGIT VITA

(»Wie der Schatten flieht das Leben«)

Von einem Sonnengesicht gehen Strahlen aus, die sich in Zeigern fortsetzen. Sie weisen hin auf Stundenmarkierungen von VI Uhr am Morgen bis VI Uhr am Abend (in römischen und arabischen Ziffern), Datumslinien mit Tierkreiszeichen, Tag- und Nachtlängen (Mittelblock), Sonnenaufgang ortus solis, Sonnenuntergang occasus solis. Ungewöhnlich ist die Schreibweise der Monatsnamen in Anlehnung an den Römischen Kalender: Januari, Februari, Martius, Aprilis, Maius, Junius, Julius, Augustus. Im Altrömischen Kalender hatte das Jahr nur zehn Monate, ohne Januar und Februar. Folgerichtig war September der siebte Monat. Im späten 18. und im 19. Jahrhundert wurden manchmal die Buchstaben der letzten vier Monate durch die Zahlen (septem, octo, novem, decem) ersetzt, an denen sich die lateinischen Monatsnamen orientieren. Also wurde aus September 7bre, aus Oktober 8bre, aus

November 9bre, aus Dezember 10bre. Beispiele dafür finden sich noch auf Grabsteinen, in alten Dokumenten und eben hier auf der Bergheimer Sonnenuhr.

## Der vitruvianische Mensch in der Sonnenuhr (Gap)

Gap liegt an der Route Napoléon, an der Grenze zwischen den französischen Hochalpen und der Provence (N 44°34', O 6°5'). Die Stadt ist reich an Sonnenuhren, aus der Vielzahl stelle ich eine vor. Sie befindet sich an der Südostwand eines Hauses in

der Passage Roland und ist im Jahr 2000 entstanden. Das runde Zifferblatt wurde von Rémi Potey auf die Fläche gemalt, die Stundenangaben reichen von 5 Uhr am Morgen bis halb 4 Uhr am Nachmittag. Unter einem blauen Sternenhimmel ist als Mittelpunkt eine Darstellung des vitruvianischen Menschen zu finden.

Der römische Architekt Vitruv (1. Jahrhundert v. Chr.) hat zehn Bände über Architektur verfasst. Darin beschreibt er u. a. einen Bezug zwischen den idealen Maßverhältnissen des menschlichen Körpers und den geometrischen Grundformen wie Quadrat und Kreis. Leonardo da Vinci (1492–1519) hat diesen Gedanken aufgegriffen und zeichnerisch umgesetzt. Er sah einen Zusammenhang zwischen den Proportionen im Körperbau des Menschen, geometrischen Flächen, musikalischen Harmonien. In seiner berühmten Skizze setzt er den vollkommenen menschlichen Körper in die vollkommene Fläche von Quadrat und Kreis. Heute ist diese Darstellung zum Symbol für Schönheit und Körperbewusstsein geworden, findet sich auf Krankenversicherungskarten, auf T-Shirts, als Tattoo-Motiv oder auf den italienischen Ein-Euro-Münzen. Die Sonnenuhr ist eingebettet in ein senkrechtes Schriftband, das den Satz Sol lucet omnibus, »Die Sonne scheint für alle«, in zwanzig Sprachen verkündet. Nicht alle Übersetzungen sind korrekt – wen stört das schon bei dem schönen Anblick!

## Zwei von vielen (Hautes-Alpes)

Die französischen Hochalpen sind eine sehr sonnenreiche und sonnenuhrenreiche Gegend. Es gibt mehr als vierhundert Cadrans Solaires, etwa hundertfünfzig davon sind historisch. Entlang der Sonnenuhrenstraße von Rosans über Gap und Briançon bis Névache und bei Abstechern nach rechts und links findet der Interessierte schöne und interessante Exemplare. 1991 entstand der »Club de l'Authentique des Hautes-Alpes«, der sich eine Aufwertung des kulturellen Erbes der Region zum Ziel gesetzt hat. Fünf Jahre später wurden sieben prominente Clubmitglieder zu Sponsoren für sieben neue Sonnenuhren. Gestaltet hat sie der Freskenmaler Rémi Potey, der inzwischen über zweihundert Zifferblätter gemalt hat (siehe auch Gap »Der vitruvianische Mensch in der Sonnenuhr«). Zwei dieser damals entstandenen Sonnenuhren stelle ich vor.

### Orcières-Merlette

Die spanische Schauspielerin Victoria Abril hat als Motto für ihre Sonnenuhr den Anfang eines spanischen Liedes gewählt: »Ese toro enamorado de la luna ...« (»Dieser in den Mond verliebte Bulle ...«). Zwei Tiere symbolisieren zwei Länder: der Kampfstier die Heimat von Victoria Abril und der Hahn das Land, in dem

sie jetzt lebt, Frankreich. Am Fußpunkt des Zeigers ist die Mond-sichel dargestellt, von ihr aus laufen Stundenlinien über das Zif-ferblatt. Die Zeitanzeige reicht von 7 Uhr am Morgen bis 6 Uhr am Abend. Das Zifferblatt ist als deformiertes Zifferblatt einer Armbanduhr gestaltet. Das Verformen erinnert an Bilder von Salvador Dali. Einige Ziffern sind in die blaue Wolkenschicht ab-gefallen. In diesen Wolken weisen Sterne auf Europa hin, dessen Flagge einen Kreis von zwölf Sternen auf blauem Hintergrund zeigt. Der Kreis wird als Symbol der Einheit gesehen. Die Zahl zwölf hat nichts mit der Anzahl der Gründungs-staaten oder Mitglieds-staaten zu tun. Sie gilt als vollkommene Zahl, die alles umfasst, die Drei als göttliche Zahl (Dreifal-tigkeit) und die Vier als weltliche Zahl (vier Jah-reszeiten, vier Himmels-richtungen, vier Elemen-te). Diese Vollkommen-

heit und Einheit waren wohl die Erwartungen und Wünsche an die Europäischen Länder und Institutionen! Die Sonnenuhr wur-de auf dem Sommet du Drouvet (N 44°43', O 6°19') im Skige-biet oberhalb von Orcières-Merlette gemalt und aufgestellt (um dem Mond näher zu sein!). In mehr als 2.600 Metern Höhe über dem Meeresspiegel dürfte sie die höchstgelegene Sonnenuhr Europas gewesen sein. Diese exponierte Lage auf dem Gipfel hat sie nicht lange überlebt, sie existiert leider nicht mehr.

## Embrun

Ebenfalls zum Sponsor einer Sonnenuhr wurde der italienische Schauspieler und Filmregisseur Sergio Castellitto. Auf sein Engagement hin entstand die Sonnenuhr an der Place Barthelon in Embrun (N 44°34', O 6°30'). Seit der Fluss Durance gestaut wurde und dadurch

ein großer See entstand, ist Embrun ein bekannter Badeort. Vermutlich hat diese Tatsache den Zifferblattmaler Rémi Potey zu seinem Thema angeregt. Trompe-l'oeil-Karyatiden und Scheinarchitektur erzeugen den Eindruck eines Römischen Bades. Eine Najade mit einer Amphore auf ihrer Schulter steigt hinein. Unter dem Bild steht der provenzalische Satz:

COUME VORES VEYRE LOU FOUN DE L'AYGUE SE FAS QUE DE LA BOULEGA

(»Wie willst du den Grund des Wassers sehen, wenn du ständig seine Oberfläche trübst?«)

Inspiriert wurde der Maler durch das Gemälde »Die Quelle« von Jean Auguste Dominique Ingres (»La Source«, Paris, Musée d'Orsay). Das Zifferblatt weist Halbstundenmarkierungen und die Stundenanzeige von 9 Uhr am Morgen bis 7 Uhr am Abend auf. Den oberen Abschluss bildet das Stadtwappen von Embrun: ein silbernes Kreuz auf blauem Grund.

## Eine Sonnenuhr für Heinrich Lambert (Mulhouse)

Ende der achtziger Jahre hat der amerikanische Physiker Larry Shaw den Pi-Tag ins Leben gerufen, der nun jedes Jahr am 14. März zu Ehren der Zahl Pi begangen wird. Das Datum bietet sich durch die amerikanische Schreibweise 3/14 an. Pedanten beginnen mit dem Feiern am 14. März um 1 Uhr 59 Minuten und 26 Sekunden. Eine Zeitungsnotiz über diesen Tag hat mich an den Wissenschaftler Heinrich Lambert erinnert, der die Irrationalität der Kreiszahl nachgewiesen hat. Johann Heinrich Lambert wurde am 26. August 1728 im damals schweizerischen, seit 1798 französischen Mulhouse geboren. Als Mathematiker, Physiker und Philosoph hat er zu den bedeutenden Wissenschaftlern seiner Zeit gehört. Die verarmte Hugenottenfamilie (fünf Söhne, zwei Töchter) war aus Lothringen eingewandert. Mit zwölf Jahren musste Heinrich Lambert die Schule verlassen und seinem Vater in dessen Schneiderwerkstatt helfen. Ein weiterer Schulbesuch oder gar ein Studium waren aus Geldmangel nicht möglich. Aus eigenem Antrieb und aus eigener Willenskraft erarbeitete sich Lambert sein umfassendes Wissen im Selbststudium. Nach Tätigkeiten als Buchhalter und als Privatsekretär erhielt er mit zwanzig Jahren die Hauslehrerstelle in einer gräflichen Familie in Chur. Bildungsreisen mit seinen Schützlingen durch Europa und der Zugang zur hervorragenden Bibliothek der Familie boten ihm die Möglichkeit zu lernen. Sein weiterer Weg führte ihn an mehrere Orte, auch nach Augsburg und Berlin. In die Augsburger Zeit fällt seine Aufnahme als Gründungsmitglied in die Bayerische Akademie der Wissenschaften. In Berlin wird er Mitglied der Preußischen Akademie der Wissenschaften. Kein Geringerer als Leonhard Euler hat ihn für diese Mitgliedschaft vorgeschlagen. Lambert begründet 1776 die Zeitschrift Berliner Astronomisches Jahrbuch. Er stirbt unverheiratet und kinderlos am 25. September 1777 an Tuberkulose in Berlin. 1828 wurde zum Gedenken an seinen hundertjährigen Geburtstag in Mulhouse auf der Place Lambert, nur wenige Schritte von seinem Geburtshaus entfernt, die Colonne Lambert aufgestellt.

Eine Säule wird von einem Himmelsglobus bekrönt. In den Säulenschaft eingraviert sind Lotlinie und Lemniskate für die Mittagsstunden, Monatsnamen, Datumslinien für die Sonnenwenden und die Tag- und Nachtgleichen. An der Südseite des Platzes stand die mittelalterliche Pfarrkirche St. Stephan, die 1858 abgerissen und in den Folgejahren durch den Temple Saint-Etienne ersetzt wurde. Dieser gewaltige Neubau wirft um die Mittagszeit seinen Schatten auf die Sonnenuhr und schränkt sie in ihrer Funktion ein. Vier Steinplatten umgeben den Fuß des Denkmals.

Porträt von Heinrich Lambert. Das Medaillon wird von einer Schlange eingefasst. Durch ihre Häutung ist die Schlange Symbol für neues, ewiges Leben. Darunter sind in latinisierter Form Name und Lebensdaten des Dargestellten angegeben.

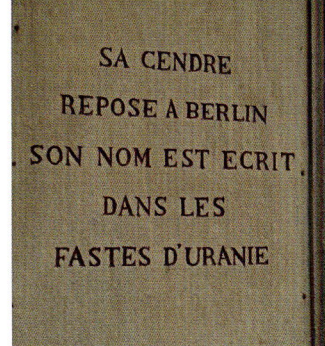

INGENIO ET STUDIO
(»durch Begabung und Fleiß«)
Darunter stehen die geografischen Koordinaten von Mulhouse.

SA CENDRE REPOSE A BERLIN SON NOM EST ECRIT DANS LES FASTES D'URANIE
(»Seine Asche ruht in Berlin, sein Name ist eingeschrieben in die Pracht der Urania«)

Die Stadt Mulhouse hat ihren herausragenden Bürger durch die Colonne Lambert geehrt und einen Platz, eine Straße und eine Schule (Lycée Lambert) nach ihm benannt. Vor einigen Jahren wurden in einer Sonderausstellung im Historischen Museum Mulhouse Lamberts Leben und Wirken gewürdigt. Ein Mondkrater und ein Marskrater tragen seinen Namen.

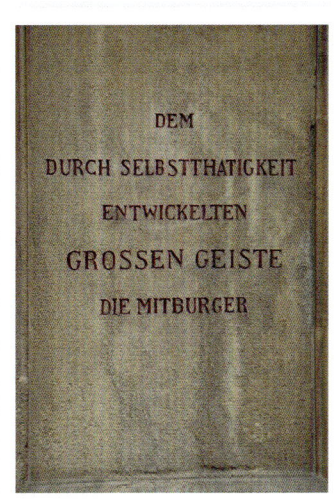

## Sonne und Wein (Riquewihr)

Könnte Omar Chajjam, der persische Dichter, Philosoph, Mathematiker und Astronom (1048–1131) heute an der Elsässischen Weinstraße sein, so würden ihm hier bestimmt seine folgenden Sätze einfallen:

*»Seit Mond und Venus ihre Bahnen gehen, hat man was*
*Bess'res nicht als Wein gesehen. Mich wundert's nur, dass einer*
*Wein verkauft, was kann er Bess'res denn dafür erstehen?«*

Einer der schönsten Orte an der Elsässischen Weinstraße ist Riquewihr (N 48°10', O 7°18'). Das ganze Jahr hindurch bewundern unzählige Besucher seine mittelalterlichen Fachwerkhäuser, Tore und Wälle. Und, wie könnte es entlang der Weinstraße anders sein, sie probieren und genießen den Wein. In der Rue de la Première Armée fällt der Blick auf das Maison Hugel und auf die Sonnenuhr (N 48°10', O 7°18') an dessen Ostwand. Sie stammt von ca. 1950 und wurde 1970 renoviert. In dem Buch »Les Horloges Silencieuses d'Alsace« von Hervé Staub ist der Hinweis auf eine ältere Sonnenuhr zu finden. Da ist zu lesen, dass die Arbeiter die Fuhrwerke, die im Weingut gebraucht wurden, von der Straße weg an einer Mauer entlang abstellten. Der Platz wurde »Onder d'Sonneuehr« (»Unter der Sonnenuhr«) genannt, es war aber weit und breit keine Sonnenuhr bekannt oder zu sehen.

Als ca. 1950 die heutige Sonnenuhr entstand, tauchten zur großen Überraschung unter dem Verputz Spuren einer früheren Sonnenuhr auf. Die jetzige Malerei hat der Colmarer Künstler Arthur Boxler (1910–1964) ausgeführt. Von VI Uhr am Morgen bis III Uhr am Nachmittag lassen sich auf dem Zifferblatt die Stunden ablesen. Jahreszahl, Trauben und Wappen erzählen von der Geschichte der Familie. Ob Absicht oder nicht sei dahingestellt, jedenfalls sind in der Sonnenuhr die Farben der französischen Trikolore vereinigt: Blau als Hintergrund für Namenszug und Wappen, Weiß im Zahlenband und Rot in den drei Hügeln. Das Datum 1639 dokumentiert das Jahr, in dem Hans Ulrich Hugel das Bürgerrecht verliehen wurde. Zwei Jahre vorher hatte er während des Dreißigjährigen Krieges die Schweiz verlassen und ist in Riquewihr ansässig geworden. Frédéric Emile Hugel verlegte 1902 das Wohngebäude der Familie ins Ortszentrum, in das Haus, an dem wir die Sonnenuhr finden. Der »Dreiberg« im Wappen bezieht sich auf die deutsche Bedeutung des Familiennamens und zeigt drei Hügel. Die Traube schließlich ist Zeichen dafür, dass sich die Familie in der zwölften Generation dem Weinbau widmet und zu den besten Winzern und Weinhändlern der Welt gehört. Hugel et Fils ist u. a. Mitglied der Vereinigung Primum Familiae Vini (PFV, Erste Familien des Weines). Darin haben sich maximal zwölf internationale Besitzer von Weingütern mit dem Ziel zusammengeschlossen, ihr Wissen auszutauschen.

# ITALIEN

Abano Terme (N 45°21′, O 11°47′) liegt in der Provinz Vene-
tien, etwa zehn Kilometer südwestlich von Padua. Seit dem
8. Jahrhundert v. Chr. wird hier gebadet. Heute kommen wegen ihrer Heilquellen und ihrer Heilerde im Jahr rund zwei
Millionen Gäste in die relativ kleine Stadt. Der Name des Ortes soll sich von Aponus herleiten, dem antiken Gott, der den
Schmerz nimmt.

## Eine der größten Bodensonnenuhren in Europa

1996 wurde in der Fußgängerzone dieses Kurortes der Platz der Sonne und des Friedens mit einer Fläche von ca. 3.000 Quadratmetern geschaffen. Etwa die Hälfte dieser Fläche nimmt eine Bodensonnenuhr ein, die zu den größten in Europa gehört. Gestaltet wurde sie als Intarsienarbeit aus verschiedenfarbigem Marmor.

Prospekt IAT Abano Terme

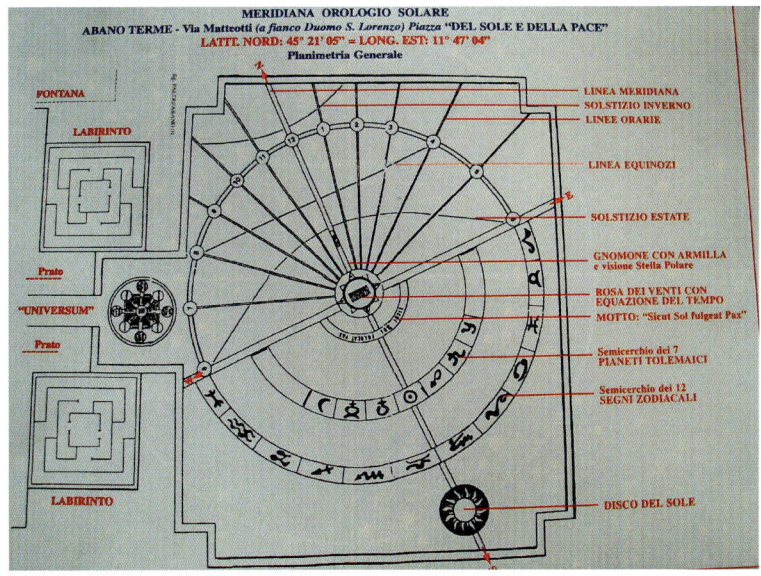

An dem Schema ist zu erkennen, was alles auf dem Zifferblatt untergebracht ist. Auf der Meridianlinie befindet sich der Schattenwerfer. Am Fußpunkt des Gnomon ist eine Windrose mit den Himmelsrichtungen zu sehen. Den südlichen Abschluss der verlängerten Meridianlinie bildet eine Sonnenscheibe. Datumslinien für die Tag- und Nachtgleichen und für Winter- und

Sommersonnenwende wurden angebracht. Im nördlichen Teil des Zifferblattes sind Stundenmarkierungen zu sehen. Wenn der Betrachter in der Mitte der Sonnenuhr steht und nach Süden blickt, so sieht er drei Halbkreise, die mit Schrift bzw. mit Zeichen versehen sind. Auf dem innersten Kreis findet sich eine Inschrift, der nächste Halbkreis trägt Planetensymbole und der äußerste Halbkreis die astronomischen Symbole der zwölf Tierkreiszeichen. Als Gnomon wurde eine trapezförmige Monolithplatte aufgestellt. An der höchsten Stelle misst der Schattenwerfer 3,213 Meter. Dieses eigenartige Maß kommt zustande, weil mit örtlichen Fuß gerechnet wurde, es entspricht neun örtlichen Fuß (0,357 m). Die Oberkante des Gnomon verläuft erdachsparallel. An dieser Kante ist abzulesen, dass der Gnomon in Richtung Polarstern weist. Eine Armillarsphäre auf der Oberkante zeigt die Haupthimmelskreise: Tierkreis, Wendekreis des Krebses, Wendekreis des Steinbocks.

Am Fußpunkt des Gnomon ist eine Windrose eingelegt. Eingeschlossen zwischen den Himmelsrichtungen steht die auf den Ort bezogene Tabelle für die Zeitgleichung. Am Kopf der senkrechten Linien sind die Anfangsbuchstaben der zwölf Monate eingraviert.

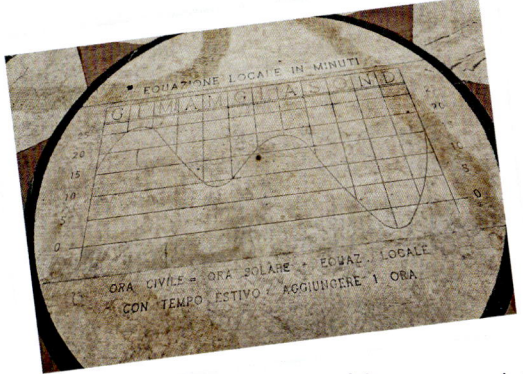

Die wahre Ortszeit ist im nördlichen Teil der Bodensonnenuhr abzulesen. Stundenmarkierungen geben mit arabischen Ziffern die Zeit zwischen 6 Uhr am Morgen und 6 Uhr am Abend an. Diese Stundenpunkte liegen auf einem Halbkreis von zehn Metern Radius. Der Gnomon kann einen Schatten von bis zu zehn Meter Länge werfen.

Auf der Mittagslinie ist die sich täglich ändernde halbe Dauer des lichten Tages abzulesen. Die Markierungen sind für den 21. jedes Monats eingraviert, also jeweils für den Wechsel zum nächsten Tierkreiszeichen, und die halbe Tageslänge ist angegeben. Durch Subtraktion oder Addition von bzw. zu 12 Uhr ergeben sich die Zeiten für Sonnenaufgang und Sonnenuntergang.Den südlichsten Punkt der Meridianlinie bildet eine Sonnenscheibe.

Ebenfalls auf der Meridianlinie sind die Jahreszahl 1996 zu lesen und die Namen der Männer, die für die Idee, die Planung und Ausführung der Anlage verantwortlich waren. Maßgeblich beteiligt war der Gnomonist Giovanni Paltrinieri aus Bologna.

S. CONDE'. CONCÉPIT
G. GENTA : DESCRIPSIT
M. MAZZUCATO.: ÆDIFICAVIT

Am Fuß des Gnomons steht in südlicher Richtung auf dem kleinsten Halbkreis eine Inschrift. Die Begriffe Sonne und Friede wurden hier auf einen Nenner gebracht: sicut sol fulgeat pax (»wie die Sonne leuchtet der Friede«). Damit ist auch die Namensgebung des Platzes erklärt: Piazza del Sole e della Pace (»Platz der Sonne und des Friedens«).

Im nächsten Halbkreis sind die astronomischen Symbole von fünf Planeten sowie von Sonne und Mond eingelegt.

Von links nach rechts sind es die Zeichen für Saturn, Jupiter, Mars, Sonne, Venus, Merkur, Mond. Diese Symbole sind nach dem Ptolemäischen Planetensystem angeordnet, in das auch Sonne und Mond einbezogen waren. Es sind die sieben Himmelskörper, nach denen unsere Wochentage benannt sind. Die Herleitung der Tagesnamen wird nicht nur im Deutschen, sondern auch in verschiedenen anderen Sprachen deutlich, z.B. im Lateinischen, Französischen, Englischen:

| dies Solis | Sonntag | dimanche | Sunday |
|---|---|---|---|
| dies Lunae | Montag | lundi | Monday |
| dies Martis | Dienstag | mardi | Tuesday |
| dies Mercuri | Mittwoch | mercredi | Wednesday |
| dies Iovis | Donnerstag | jeudi | Thursday |
| dies Veneris | Freitag | vendredi | Friday |
| dies Saturni | Samstag | samedi | Saturday |

Wenn dieser Bezug bei einigen Tagesnamen nicht vorhanden zu sein scheint, so liegt das u.a. daran, dass die antiken Götter im Laufe der Geschichte durch andere ersetzt wurden. Beispielsweise wurde aus dem Tag des Jupiter der Tag des Donar (Donnerstag) oder aus dem Tag der Venus der Tag der Frija (Freitag).

Im südlichsten Halbkreis sind die Symbole der Tierkreiszeichen eingelegt, und zwar von Osten nach Westen beginnend mit dem Widdersymbol (21. März – 20. April), endend mit den Fischen (20. Februar – 20. März).

Die Seitenflächen des Schattenwerfers zeigen Keramik-Mosaike und sind zwei großen Gelehrten gewidmet: Galileo Galilei (1564–1642) und Pietro d'Abano (1250–1315).

Pietro d'Abano (Petrus Aponus) wurde in Abano als Sohn eines Notars geboren. Während seines Studiums und während eines langen Aufenthalts in Konstantinopel hat er sich ein umfassendes Wissen angeeignet. Er lehrte an den Universitäten von Paris und Padua, seine Fächer waren Medizin, Philosophie und Astrologie. Er vertrat die Ansicht, ein guter Arzt müsse auch ein guter Astrologe sein, denn das menschliche Leben sei abhängig vom Lauf der Gestirne. Seine Theorien waren Anregung für ein Fresko im Palazzo Ragione in Padua. Dort zeigen Wandmalereien Menschen bei Arbeiten, die zu ganz bestimmten Zeiten im Laufe des Jahres zu verrichten sind, und zwar eingeteilt nach den Tierkreiszeichen. Da er Anhänger der Astrologie war, wurde Pietro d'Abano der Zauberei und der Ketzerei beschuldigt und von einem Inquisitionsgericht zum Tode verurteilt. Ehe das Urteil vollstreckt wurde, starb er in Gefangenschaft in der Engelsburg in Rom. Pietro war aber nicht nur

Astrologe, sondern auch Astronom, er hat u. a. ein astronomisches Handbuch verfasst. Genannt wurde er Speculator mundi (Erforscher der Welt). Das Buch, das er in seinen Händen hält, trägt den Titel »Per aspera ad astra« (durch das Raue, durch alle Widrigkeiten des Lebens hinauf zu den Sternen).

In Abano hat er nicht nur einen Platz auf dem Gnomon gefunden, die Stadt hat ihn auch durch ein Denkmal im Kurpark geehrt. Im Sockel finden wir seinen Namen, seine Lebensdaten und die Worte Arzt und Philosoph.

Galileo Galilei, Mathematiker, Physiker, Philosoph, Astronom, hat an den Universitäten von Pisa und Padua gelehrt und vertrat die Lehre des Kopernikus vom heliozentrischen Weltbild. Kopernikus (1473 – 1543) hat seine Erkenntnisse niedergeschrieben und verfügt, dass diese Aufzeichnungen erst nach seinem Tod veröffentlicht werden dürften. Damit hat er sich jeder Gefahr für Leib und Leben entzogen. Galilei hingegen hat das Gegenteil getan. Er verkündete die Lehre des Kopernikus öffentlich und musste sich deswegen der Inquisition stellen. Unter Folterandrohung zwang ihn das kirchliche Gericht, seine Lehre zu widerrufen. Dass er beim Hinausgehen aus dem Raum gemurmelt haben soll »und sie bewegt sich doch«, das ist historisch nicht belegt. Dieser Satz wird aber immer wieder tradiert und ist ihm auch hier beigegeben: Eppur si muove. Von der katholischen Kirche wurde Galilei erst 1992 offiziell rehabilitiert.

Nicht von ungefähr ist Pietro d'Abano mit einem Buch dargestellt, Galilei mit einem Fernrohr. Den Astronomen vor dieser
Erfindung standen Berechnungen und die Himmelsbetrach-
tung mit dem bloßen Auge zur Verfügung. Erst das Fernrohr
lieferte exaktere Beobachtungen.

Wer den Platz von der Westseite her zwischen zwei La-
byrinthen betritt, der stößt auf eine geometrische Figur, auf
einen Kreis von vier Metern Durchmesser; dieser Kreis um-
schließt neun weitere Kreise. Die Eckdaten bilden die vier Elemente Feuer, Wasser, Erde, Luft, wobei mit Luft hier der sicht-
bare Himmel gemeint ist.

Die einzelnen Bausteine sind aufeinander bezogen im
positiven oder negativen Sinn, in Anziehung, Ergänzung oder
in Abstoßung. Genannt sind:

| Repugnantes | die sich widersprechenden Dinge |
| Contraria | Gegensätze |
| Convenientes | Übereinstimmungen |
| Siccitas | Dürre/Trockenheit |
| Humiditas | Feuchtigkeit |
| Caliditas | Wärme |
| Frigiditas | Kälte |

Alle Komponenten zusammen bilden das Universum. Der Name Universum wurde nicht nur dieser geometrischen Figur gegeben, sondern die ganze Installation einschließlich der Sonnenuhr steht unter diesem Titel. Die Sonnenuhr von Abano Terme will mit ihren vielfältigen Informationen eine Ahnung von diesem Universum vermitteln.

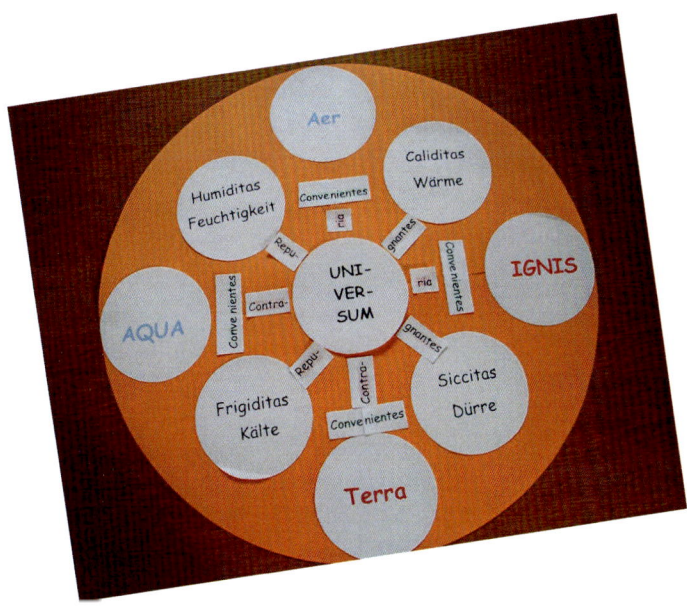

## Die Sonne scheint für alle

Nur wenige Schritte von der Bodensonnenuhr entfernt findet sich an einem Haus auf der gegenüberliegenden Straßenseite eine Wandsonnenuhr. In römischen Ziffern sind die Vormittagsstunden von VIII bis XIII Uhr abzulesen. Der Dom San Lorenzo ist dargestellt und zwei Inschriften schmücken die Kartusche: die Mahnung »cogli l'attimo« (»Nütze den Augenblick«) und die tröstliche Gewissheit, dass die Sonne für alle scheint: Sol Omnibus Lucet.

## Warum schaut ein Elefant auf eine Sonnenuhr? (Brixen)

Der »Elephant« in Brixen existiert seit nahezu fünfhundert Jahren und ist heute eines der renommiertesten Hotels in Südtirol. Vermutlich Anfang des 18.Jahrhunderts ließ ein frommer Vorbesitzer an der Südseite des Hauses eine Sonnenuhr (N 46°43′, O 11°39′) mit einer Darstellung der Immaculata anbringen. Arabische Ziffern geben die Zeit zwischen 8 Uhr am Morgen und 5 Uhr am Nachmittag an, Reste von römischen Ziffern sind noch erkennbar. Die Ikonografie verbindet eine Maria Immaculata üblicherweise mit bestimmten Attributen: Die Madonna wird stehend ohne Kind dargestellt, ein Sternenkranz umgibt ihr Haupt, die Mondsichel ist unter ihre Füße gelegt. Maria steht auf der Weltkugel, um die sich die Schlange als Symbol der Sünde windet. Die Immaculata zertritt dem Tier den Kopf.

Dieses Schlangen-Attribut fehlt hier. Es steckt sicher nicht zu viel Fantasie in der Annahme, dass das Zahlenband ursprünglich die Gestalt eines Schlangenkörpers hatte.

Dazu passt die darunter stehende Bitte an Maria: »O Jungfrau, die der Schlange Feind, bleib immer Elephantens Freund. Mit deinem Schutz bedecke dieses Haus, treib Krankheit, Noth und jedes Unheil aus.« Wessen Blick auf die Sonnenuhr fällt, der bemerkt auch das Relief im Giebel des Hauses, von dort schaut ein Elefant herunter. Der Name des Hotels wurde nicht willkürlich gewählt, sondern geht auf ein historisch belegtes Ereignis zurück.

Maximilian II. (1527–1576), Erzherzog von Österreich und späterer Kaiser des Heiligen Römischen Reiches Deutscher Nation, hat in Spanien Maria, die Tochter Kaiser Karls V., geheiratet. Sein Onkel Johann III., König von Portugal, gab ihm als außergewöhnliches Abschiedsgeschenk einen Elefanten mit auf die Heimreise. Nach dem türkischen Sultan, der Mitteleuropa bedrohte, wurde das exotische Tier Soliman genannt. Es stammte aus den indischen Kolonien Portugals, hatte einen langen Seeweg hinter sich und den beschwerlichen Fußmarsch über die Alpen nach Wien vor sich. Für die Menschen am Wegesrand war der Tross eine Sensation. In Trient fand gerade das Konzil statt (1545–1563) und so gehörten Bischöfe und Kardinäle zu den Bewunderern. In Brixen marschierte der Elefant kurz vor Weihnachten 1551 mit seinem Gefolge ein und versetzte die Einwohner in helle Begeisterung. Als um 1470 im Kreuzgang am Dom eine Bibelszene mit einem Elefanten dargestellt wurde, da war der Freskenmaler noch auf seine Vorstellung und auf die Erzählungen und Beschreibungen von Reisenden angewiesen.

Entstanden ist ein »Pferdefant«, ein Pferd mit Rüssel. Erst bei Solimans Ankunft konnte sich die Bevölkerung an der Realität orientieren.

Der Wirt Andrä Posch beherbergte den Elefanten vierzehn Tage lang. Am 2. Januar 1552 zog der ungewöhnliche Gast nach Norden weiter und erreichte im Mai 1552 die Hauptstadt Wien. Dort war Soliman nur ein kurzer Aufenthalt gegönnt, das arme Tier starb schon im Dezember 1553. Vielleicht hatte es Heimweh, vielleicht wussten seine Betreuer nicht allzu viel über artgerechte Tierhaltung. Der Gastgeber in Brixen taufte seinen Gasthof »Am Hohen Felde« in »Herberge am Hellephanten« um und ließ an der Westwand des Hauses ein Fresko anbringen, das den Elefanten mit seinen Treibern zeigt. Nicht nur in diesem Bild und im Hotel lebt die Erinnerung an den Elefanten weiter. Der portugiesische Literaturnobelpreisträger José Saramago hat ihm das Buch »Die Reise des Elefanten« gewidmet. Und für den Schweizer Filmemacher Karl Saurer wird der Elefant zum Symbol eines Wesens, das entwurzelt wird. In seiner kritischen Dokumentation »Rajas Reise« hinterfragt er diese »Geschichte von Bemächtigung und Aneignung«.

## Sonnenuhren in den Hügeln des Apennin (Pennabilli)

Pennabilli (N 43°49′, O 12°15′) ist ein kleines Bergdorf in den Hügeln des Apennin, etwa 40 Kilometer südwestlich von Rimini gelegen. Das heutige Aussehen des Dorfes hat Tonino Guerra (1920–2012) mitgeprägt. Er war ein vielseitig begabter Künstler, war Schriftsteller, hat gemalt und Drehbücher

u. a. für seinen Freund, den Filmregisseur Federico Fellini (1920–1993), geschrieben. Schon in seiner Kindheit kam er immer wieder nach Pennabilli, seit Mitte der 1980er Jahre hat er ständig in dem Dorf gelebt und wurde Ehrenbürger der Gemeinde. Er hat dort »Orte der Seele« geschaffen, wie etwa den »Garten der vergessenen Früchte«, den Winkel für die »Verlassenen Madonnen« oder 1991 »La Strada delle Meridiane« mit sieben Sonnenuhren.

Fünf dieser Sonnenuhren wurden von Professor Giovanni Paltrinieri berechnet. Der Gnomonist aus Bologna hat auch die Bodensonnenuhr in Abano Terme konstruiert. Mario Arnaldi

(geb. 1956) hat nicht nur zwei der Uhren berechnet, er ist auch der Maler aller Zifferblätter der Sonnenuhren in Pennabilli. Er lebt als Maler und Restaurator in Ravenna.

Arnaldi ließ sich bei der Gestaltung der Zifferblätter von Originalen inspirieren, die er verfremdet hat. So geht diese Darstellung zurück auf das Gemälde »Die Sonne über den Hügeln« von Ivan Rabuzin (kroatischer naiver Maler, gest. 2008). Arabische Ziffern markieren auf der Westuhr die Stunden von 7 Uhr am Morgen bis 17 Uhr am Spätnachmittag.

Wenige Schritte weiter ist der Heilige Sebastian dargestellt. Vorbild ist ein Gemälde von Antonello da Messina von 1476. Statt wie im Original eine Renaissance-Stadtkulisse, sind hier die Hügel von Pennabilli als Hintergrund gewählt, wie sie in einem Gemälde aus dem 16. Jahrhundert zu finden sind. Der Legende nach hat Sebastian im 3. Jahrhundert gelebt und gehörte zur Leibwache des römischen Kaisers Diokletian. Er wurde wegen seines christlichen Glaubens auf Diokletians Befehl an einen Baum gebunden und von Pfeilen durchbohrt. Pfeile sind sein Attribut, hier wurden sie als Stundenmarkierungen verwendet, ein Metallpfeil dient als Gnomon. Die Uhr ist nach Westen gerichtet, angegeben sind die Stunden zwischen 5 und 12 Uhr.

Schräg über die Straße hinweg findet sich eine Nord-Ost-Uhr, sie zeigt kleine Engel am Brunnenrand. Anregung für das Sujet fand der Künstler im Deckengemälde der Camera degli Sposi (Hochzeitszimmer) im Palazzo Ducale in Mantua, das Andrea Mantegna zwischen 1464 und 1474 gemalt hat. Mit römischen Ziffern sind Temporalstunden von I bis XI Uhr angegeben, die den Lichten Tag in unterschiedlich lange Stundenabschnitte aufteilen.

Ein paar Schritte weiter oben auf dem Hügel stoßen wir auf eine weitere Sonnenuhr mit dem Titel »Insel im Meer«. Die Darstellung bezieht sich auf eine Buchillustration von Tullio Pericoli (geb. 1936). An der Süduhr sind die Stunden von 13 bis 22 Uhr angegeben.

Die vier beschriebenen Sonnenuhren zeigen auch, mit welch unterschiedlichen Maßeinheiten die Menschen in den verschiedenen Jahrhunderten die Zeit gemessen haben. An den ersten beiden Zifferblättern sind Stunden abzulesen, wie wir sie heute verstehen, als den 24. Teil eines Tages. Die beiden folgenden Zifferblätter zeigen Antike Stunden an. Bei der Uhr mit den Putti sind es Temporalstunden, bei denen der Zeitraum zwischen Sonnenaufgang und Sonnenuntergang in zwölf gleich lange Zeitabschnitte geteilt wurde. Da sich der Lichte Tag im Ablauf des Jahres ändert, änderte sich damit auch die Stundenlänge. Das letzte beschriebene Zifferblatt mit der Insel im Meer zeigt Italische Stunden an, wie sie im antiken Italien galten: 24 gleich lange Abschnitte des Tages, gezählt von Sonnenuntergang bis Sonnenuntergang.

Keine Sonnenuhr, aber ein ganz besonderer Schattenwerfer findet sich im »Garten der vergessenen Früchte«: eine Plastik des polnischen Bildhauers Krysztof Bednarski (geb. 1953). Auf den ersten Blick sieht der Betrachter zwei Metalläste, die ein Taubenpaar tragen. Erst wenn die Sonne darauf scheint, zeigt sich der Clou: am Nachmittag zeichnet der Schatten der Tauben wie zwei Scherenschnitte die Köpfe von Federico Fellini und dessen Frau Giulietta Masina (1921–1994) auf den Boden. Es ist eine Hommage Guerras an den lebenslangen Freund.

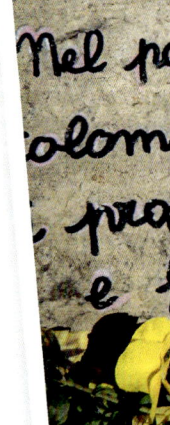

Meridiana dell'Incontro
meriggio l'ombra dei due
...i ci fa incontrare con
...ili di Federico Fellini
...iulietta Masina

# LITAUEN

## »Immer leuchte die Sonne im Herzen Litauens« (Vilnius)

Familie, Freunde und Bekannte wissen, dass sie mir mit Sonnenuhrenfotos eine Freude machen können – so bin ich an die Aufnahmen aus Vilnius (N 54°41', O 25°16') gekommen. Als Hauptstadt Litauens erhielt Vilnius 2009 den Titel Kulturhauptstadt Europas. Die Altstadt zählt seit 1994 zum Unesco-Weltkulturerbe. Im Zentrum der Altstadt findet sich der ehemalige Palast der Großfürsten von Litauen. Die Reste dieses Schlosses wurden zu Beginn des 19. Jahrhunderts zerstört und das Gebäude erst in unserem Jahrtausend rekonstruiert und wieder aufgebaut. Heute beherbergt es das Nationalmuseum und ist außerdem ein Ort für festliche Veranstaltungen. So macht etwa der Text des weißen Werbebanners auf das Kulturprojekt »Kino unter den Sternen« aufmerksam. Im Innenhof werden jedes Jahr während der Sommermonate Filme im Freien gezeigt.

Auf der Südseite schmückt eine Sonnenuhr das Bauwerk, deren Abbildung es geschafft hat, als Fototapete gehandelt zu werden! Die Sonnenuhr aus dem Jahr 2012 ist wappenartig eingerahmt und in der Mitte von einer Strahlensonne geschmückt. Am Zahlenband kann die Zeit zwischen VI Uhr am Morgen und IV Uhr am Nachmittag abgelesen werden. Datumslinien weisen zu den Symbolen des Tierkreises und damit zu zwölf Abschnit-

ten des Jahres. Im Laufe der wechselhaften Geschichte gehörte Vilnius nicht nur zu den größten und bedeutendsten Städten Europas, es wurde auch von den unterschiedlichsten Mächten begehrt und besetzt sowie von Bränden und Epidemien heimgesucht. Deshalb ist der Spruch in der Sonnenuhr sicher ein Wunsch für die Zukunft der Stadt:
SEMPER SOL IN CORDE LITHUANIAE LUCEAT
(»Immer leuchte die Sonne im Herzen Litauens«)

# ÖSTERREICH

## Eine Sonnenuhr ohne Funktion (Grins/Arlberg)

Der so schnell über eine Fläche laufende Schatten erinnert an die Flüchtigkeit der Zeit, an ein nur kurz bemessenes Leben. Daher tragen die Zifferblätter von Sonnenuhren oft Sinnsprüche, Ermahnungen, diese Zeit sinnvoll zu nutzen. Ein eindringliches Beispiel dafür findet sich in Grins am Arlberg. An einer Hausnordwand, auf die kein Sonnenstrahl fällt, wurde vom Maler Martin Fleisch aus Landeck eine Schattenuhr ohne Zeiger und ohne Stundenmarkierungen aufgemalt. Der Spruch darin mahnt:

>»Ein lauer Christ gleicht einer solchen leeren Uhr,
>die die Sonne nie bescheint. Oh Zeit, oh Zeit, niemand erkennt dich,
>als wer dich verloren hat«.

Über dem Hauseingang findet sich das Christusmonogramm IHS (Iesus Hominum Salvator, »Jesus, Retter der Menschen«). Die Jesuiten haben es zu ihrem Ordenssymbol gewählt als Iesum Habemus Socium, »Wir haben Jesus als Gefährten«. Und wer kein Latein konnte, der hat es als »Jesus, Heiland, Seligmacher« gedeutet.

## Partnerschaft mit Freiburg (Innsbruck)

Die Sonnenuhr im Freiburger Seepark ist nicht die einzige, die an eine Städteverbindung erinnert (DN 0682). Im Hofgarten in Innsbruck steht eine Vielflächner-Sonnenuhr die im Schaft folgende Inschrift trägt:

FUER INNSBRUCK
VON FREIBURG
10 JAHRE
PARTNERSCHAFT 1963 – 1973

Die Widmung ist von den Wappen beider Städte eingerahmt. Hergestellt wurde die Kunststein-Stele von Schülern der Freiburger Meisterschule für Steinmetze und Steinbildhauer als Geschenk für Innsbruck. Auf vier Zifferblättern sind Wahre Ortszeit, Wahrer Mittag 12.16 Uhr und Datumslinien für Sonnenwenden und Tag- und Nachtgleiche angegeben.

Innsbruck (N 47°16', O 11°23') ist nach Besançon die zweite Freiburger Partnerstadt geworden. Nach dem Zweiten Weltkrieg war es die ursprüngliche Idee dieser Verbindungen, dass ehemalige Feinde sich begegnen, kennenlernen, versöhnen. Freiburg und Innsbruck mussten sich nicht versöhnen, es war eine freundschaftliche Übereinkunft. Beide Städte haben Gemeinsamkeiten in der Geschichte. Von 1368 bis 1805 gehörte Freiburg zu Vorderösterreich, zur Habsburg-Monarchie. Und 1809 unterstützten Freiburger Studenten den Tiroler Freiheitskämpfer Andreas Hofer, der seine Heimat gegen die bayrische und französische Besetzung verteidigte.

## Sonnenuhr am Pfaundlerhaus (Oetz/ Piburg)

Piburg (N 47°11′, O 10°52′) ist ein Ortsteil von Oetz in Tirol. Im Zentrum des Weilers findet sich das Pfaundlerhaus aus dem 16. Jahrhundert, das von einer vertikalen Südwestsonnenuhr (DN 0825) geschmückt wird. Am Zahlenband kann von IX Uhr am Morgen bis V Uhr am Nachmittag Wahre Ortszeit abgelesen werden, die Skala ist in Viertelstundenintervalle aufgeteilt. Gehalten wird das Band an seinen Enden gleichsam von Anfang und Ende des Lebens: von einem jungen blumengeschmückten Mädchen und einem Todes-Sensenmann. Passend dazu der eindringliche Spruch:

»Der Zeiger geht mit leisem Tritt.
Kein Bitten hemmet seinen Schritt.
Wann macht er wohl den letzten Gang?
Bestell dein Haus und frag nicht lang!«

Die Wandmalerei wurde von Luigi Kasimir (1881–1962) geschaffen. Er war ein bedeutender österreichischer Lithograf, Radierer und Kupferstecher und vor allem bekannt durch seine Stadtveduten. Dass er als junger Mann gerade an diesem Haus tätig wurde, ist einem Ferienaufenthalt 1901 in der Familie seiner Freunde zu verdanken. Aus einem Artikel von Dr. Ilse Fabian und Wolfgang Krammer (Österreichischer Astronomischer Verein, Arbeitsgruppe Sonnenuhren, Rundschreiben 22/2001) zitiere ich hierzu Kasimirs Sätze:

»Meine besten Freunde während der letzten Gymnasialjahre waren zwei Brüder, Söhne eines Physikers, der in Graz an der Universität lehrte. Diese Tiroler Familie hatte einen Besitz im Oetztal, zu dem auch der liebliche Piburger See gehörte. Dorthin war ich also über die Ferien eingeladen ... Gemalt habe ich damals sehr fleißig, unter anderem durfte ich an die Hauswand meiner Gastfreunde eine Sonnenuhr malen.«

Damit ist das Entstehungsdatum bekannt: 1901. Die Wandmalerei wurde später durch zwei Wappen ergänzt und 2001 renoviert. Der Schild mit dem Stern zeigt das Pfaundler-Wappen, die Familie ist 1910 geadelt worden. Die Inschrift über der Sonnenuhr hält ein Ereignis aus der Geschichte des Ortes fest:

1282 SCHENKT GRAF MEINHARD II. VON TIROL UND GÖRZ SEINEN HOF UND SEE IN PIBURG DEM KLOSTER STAMS.

Die Zisterzienserabtei Stams im Inntal wurde 1273 von Graf Meinhard II. von Görz-Tirol und seiner Ehefrau Elisabeth von Bayern gegründet und von den Stiftern mit reichen Schenkungen ausgestattet. Die Klosterkirche ist Grablege der Tiroler Landesfürsten. Das Stift verkaufte 1860 den Piburger See für 200 Gulden, er war etliche Jahre im Besitz der Familie Pfaundler.

Die Welt ist klein: In der Universitätskinderklinik Freiburg gibt es eine »Station von Pfaundler«. Namensgeber ist Dr. Meinhard von Pfaundler (1872 – 1947). Er war nicht nur ein wissenschaftlich bedeutender Kinderarzt, sondern auch der ältere Bruder der beiden jungen Männer, die der Maler der Sonnenuhr als »seine besten Freunde während der letzten Gymnasialjahre« bezeichnete.

## Die Wandsonnenuhr von Schloss Ambras (bei Innsbruck)

Der Tiroler Landesfürst Ferdinand II. (1529–1595) ließ die mittelalterliche Burg Ambras zu einem prächtigen Renaissanceschloss ausbauen (N 47°15′, O 11°26′). Das Anwesen vor den Toren Innsbrucks überschrieb er seiner heimlich angetrauten Ehefrau Philippine Welser (1527–1580) als Wohnsitz. Die Augsburger Patriziertochter war für eine

offizielle Heirat nicht standesgemäß. Die Verbindung musste daher geheim gehalten werden, galt jedoch als sehr glücklich. Ferdinand II. und Philippine wurden in der Silbernen Kapelle der Innsbrucker Hofkirche bestattet. Die Gebäude von Schloss Ambras beherbergen heute das weltweit älteste Kunsthistorische Museum.

Die Glassonnenuhr von 1550 aus der ehemaligen Schlosskapelle (jetzt im Museum für angewandte Kunst in Wien) hat schon mehrfach Beachtung gefunden, aber auch die Wand-sonnenuhr am Hochschloss (DN 0137) ist einen Blick wert. Sie ist ca. 1570 entstanden und wurde in der zweiten Hälfte des 19. Jahrhunderts rekonstruiert. Wahre Ortszeit von I – VIII Uhr ist abzulesen. Über dieser Westuhr schmückt das Große Wappen Erzherzog Ferdinands II. die Wand. Er war Träger des Ordens vom Goldenen Vlies, unter dem Herzogshut umrahmt die Ordenskette mit dem Widderfell die Kartusche. Ordensgründer war Philipp der Gute, Herzog von Burgund.

Nach dem Aussterben der Burgundischen Herzöge ging der Orden an die spanische Linie der Habsburger über. Dementsprechend finden sich im Herzschild die Wappen von Burgund und Österreich. Um diese Mitte sind Wappen von Ländern angeordnet, denen Ferdinand II. als Statthalter, Landesfürst und Erzherzog vorstand (vom Betrachter aus von links oben im Gegenuhrzeigersinn): Ungarn, Kastilien, Leon, Aragón, Granada, Sizilien, Niederösterreich, Krain, Geschlecht Habsburg, Tirol, Steiermark, Kärnten, Böhmen. Darunter ist der Wahlspruch des Ordens zu lesen: Pretium laborum non vile (»Kein geringer Preis der Arbeit«). Der kryptische Text bezieht sich auf die Argonautensage, nach der Iason für seine »Arbeit« das Goldene Vlies erhielt.

# POLEN

## Sonnenuhren bei der Schwarzen Madonna (Tschenstochau)

Im Westen der polnischen Stadt Tschenstochau liegt das 1382 gegründete Paulinerkloster Jasna Góra (Heller Berg), das im 17. Jahrhundert zur Festung ausgebaut wurde. Zentrum der Anlage ist die Gnadenkapelle aus dem 15. Jahrhundert, in der das Bild der »Schwarzen Madonna von Tschenstochau« verehrt wird. Diese Holztafel, die im Stil einer byzantinischen Ikone bemalt ist, zeigt Maria mit ihrem Kind. Tiefe Schnitte an der rechten Wange der Gottesmutter zeugen von einem Überfall und von Verwüstungen. Es gibt verschiedene Legenden über Entstehung und Herkunft des Bildes, das 1384 als Schenkung in das Kloster gelangte und seither nicht nur Wallfahrtsbild, sondern auch nationales Symbol ist. Jährlich pilgern über vier Millionen Menschen aus aller Welt zu der Anhöhe, um vor der Schwarzen Madonna ihre Leiden, Freuden und Anliegen auszubreiten. Die Gnadenkapelle wurde im 17. Jahrhundert durch einen prächtigen barocken Kirchenbau erweitert. Die in die Außenwand eingemauerten Kanonenkugeln erinnern an die zahlreichen Überfälle und Angriffe auf das Kloster. Wer die Kirche verlässt und zum über hundert Meter hohen Turm zurückblickt, der entdeckt an der Südfassade des Komplexes zwei Sonnenuhren (N 50°48′, O 19°7′). Am Rand der kreisrunden Zifferblätter sind Stundenmarkierungen für 6 Uhr am Morgen bis 6 Uhr am Abend angegeben, im Scheitelpunkt werden die beiden Zahlenreihen jeweils von einem Engelsköpfchen mit Flügeln unterbrochen. Während die Zeit auf dem (vom Betrachter aus) rechten Zifferblatt in römischen Ziffern angegeben ist, sind die Stunden links in arabischen Ziffern abzulesen, beide zeigen jedoch dieselbe Zeit an. Zwischen den Zifferblättern ist unter einem Dreieckgiebel der Erzengel Michael im Kampf mit dem Drachen dargestellt, darunter steht die Madonna mit dem Kind auf dem Arm und der Mondsichel unter ihren Füßen. Neben ihr finden sich in kleinen Nischen die beiden großen christlichen Einsiedler Antonius und Paulus. Antonius (ca. 251–356, vom Betrachter aus links) gilt als Vater des Mönchtums und ist Ordenspatron der Antoniter. Als Attribut ist ihm ein kleines Schwein beigegeben, da die Antoniter das Privileg der Schweinezucht hatten. In der rechten Nische ist Paulus von Theben (228–341) zu finden. Der Legende nach brachte ihm ein Rabe Brot in die Wildnis und erhielt ihn so am Leben. Als er Besuch von Antonius bekam,

brachte der Rabe zwei Brote, wie sie bei dem Vogel in der Nische zu erkennen sind. Paulus von Theben ist Ordenspatron der Pauliner (Ordo Sancti Pauli Primi Eremitae). Besuchsszene und Begegnung der beiden Wüstenväter hat Matthias Grünewald in einem Flügel des Isenheimer Altars (Unterlindenmuseum, Colmar) anschaulich dargestellt.

Wenige Schritte von der Schwarzen Madonna entfernt, im Stanislawa Staszica Park, findet sich vor dem Observatorium eine weitere Sonnenuhr. Der schwarze Granit war ursprünglich Teil eines Denkmals für Zar Alexander II. (1818–1881), das 1917 zerstört wurde. Aus dem Steinsockel entstand die Sonnenuhr. Im horizontalen Zifferblatt sind Stundenlinien von I bis XII, Datumslinien sowie die Symbole der Tierkreiszeichen kenntlich gemacht.

Die seitliche Inschrift stammt von Bonawentura Metler (1866 – 1939). Der Priester, weit gereiste Wissenschaftler und Astronom hat das Observatorium in Tschenstochau 1928 eröffnet und war dessen erster Leiter. »Quam virgo dilexit hic urbem ad astra appellat et gentem buona ventura«. Ob die folgende Übersetzung dem Sinn des Satzes gerecht wird, ob sich Bonawentura Metler selbst als Gewinn für die Stadt gesehen hat (bona ventura, »das gute Schicksal«), das sei dahingestellt: »Wie sehr hat die Jungfrau (Maria) die Stadt geliebt, dass sie die Sterne um eine gute Zukunft für die Menschen anruft«.

# SCHWEIZ

## Basler Uhren gehen anders (Basel)

In einem Reisebericht aus dem späten 18. Jahrhundert heißt es: »Wenn man zu Basel anlanget, so muss man eine Stunde früher als die Sonne in den Mittagszirkel tritt, Mittag zählen«. Und heute noch mag, wer am Martinsturm des Basler Münsters hochschaut, verwirrt sein über die Zeitanzeige (N 47°33′, O 7°35′). An der Südwestseite des Turms, auf der Sonnenuhr (DGC 2012) und mechanische Uhr unmittelbar untereinander angebracht sind, wird der Unterschied zwischen beiden Angaben besonders augenfällig. Das Zifferblatt der Südwestuhr zeigt eine Stundenangabe von 12 Uhr mittags bis 9 Uhr am Abend.

Auf der Sonnenuhr der Turmsüdostseite (DGC 2011) ist die Zeit von 6 Uhr am Morgen bis 3 Uhr am Nachmittag abzulesen. Am Fußpunkt beider Zifferblätter steht beim Sonnen-

höchststand nicht wie üblich die Zwölf, sondern eine Eins, denn in Basel galt über vierhundert Jahre die Basler Zeit, in der die Uhren eine Stunde vorgingen. Da Basel jedoch 7°35′ östlich von Greenwich liegt, hinkt die Wahre Ortszeit der Mitteleuropäischen Zeit etwa eine halbe Stunde hinterher. Deshalb beträgt je nach Jahreszeit und dadurch bedingtem Sonnenstand die Differenz zwischen »Basler Zeit« auf der Sonnenuhr und Mitteleuropäischer Zeit auf der mechanischen Uhr nur bis zu 45 Minuten.

Über die Entstehung dieser Besonderheit kursieren fantasievolle Geschichten. So wollten z. B. während des Basler Konzils (1431–1449) die Teilnehmer die langen Sitzungen abkürzen und haben deshalb die Uhren eine Stunde vorgestellt. Eine andere Version berichtet von einem geplanten Überfall auf die Stadt, der um Mitternacht erfolgen sollte. Der Turmwächter erfuhr davon und stellte die Uhr um eine Stunde vor. Die Feinde glaubten, das verabredete Zeichen versäumt zu haben, und gaben ihr Vorhaben auf. In seinem langen Gedicht »Die Basler Uhr« schreibt Karl Simrock (1802–1876):

»Man wollt einst überraschen die alte Baselstadt;
dem Feinde vor den Toren
war eine Zunft verschworen,
die sie verraten hat.
Sobald es Zwölfe schlüge vom Turm um Mitternacht,
da sollten sie von innen
erstürmen Turm und Zinnen,
dazu die hohe Wacht.

Die Pforte dann erschließen dem Feind,
der draußen stand,
dass der hindurch gefahren
mit seinen Söldnerscharen bewält'ge Stadt und Land.

So war es abgesprochen in aller Heimlichkeit;
nur oben auf dem Turme
erfuhr es vor dem Sturme der Glöckner noch zur Zeit.

Er konnt es nicht mehr melden dem Bischoff noch dem Rat;
bald sollt es Zwölfe schlagen:
Hier galt es rasch zu wagen und rasch war seine Tat.

Da, wenn es Zwölfe schlüge, das Zeichen war zum Sturm,
so schlug es gar nicht Zwelfe,
und auch nicht wieder Elfe,
es schlug gleich Eins vom Turm.

Da sahen sich betroffen die Hochverräter an:
»Beschliessen wir die Stunde?
Kam vor den Rat die Kunde von dem was wir getan?«

Da war der Mut entsunken, sie schlichen schnell nach Haus;

die vor den Ziegeln standen
und sich betrogen fanden,
die lachten selbst sich aus.

Am Morgen war verwundert der Rat, als er erfuhr,
wie, weil er warm gebettet
im Schlafe lag, gerettet die Stadt ward durch die Uhr.

Die liess man zum Gedächtnis nun immer gehen so,
und noch in unseren Tagen
die Basler Glocken schlagen eins mehr als anderswo ...«

Tatsache ist wohl, dass in Basel mit der Erfindung der Schlag-uhren der Tag nicht in zweimal zwölf Stunden eingeteilt wur-de. Stattdessen zählten die Basler weiterhin, wie im Mittel-alter, die Mittags- bzw. Mitternachtsstunde nicht als zwölfte abgelaufene, sondern als eben anbrechende erste Stunde. Anfang 1798 wurde die Basler Zeit in täglichen Zehnminuten-Schritten der Mitteleuropäischen Zeit angeglichen. Die Son-nenuhren am Basler Münster, die von etwa 1500 stammen, erinnern noch an die alte Basler Zeit.

# Kloster St. Georgen (Stein am Rhein)

Stein am Rhein lohnt aus vielen Gründen einen Besuch, nicht zuletzt wegen der ehemaligen Benediktinerabtei St. Georgen. Das Kloster wurde im 12. Jahrhundert gegründet und 1525 im Zuge der Reformation aufgehoben. Nach unterschiedlichen Besitzverhältnissen gehört die Anlage heute der Eidgenossenschaft und ist Museum. Von einfachen Mönchszellen über Refektorium, Skriptorium, Abtsräume bis hin zum prächtigen Festsaal vermitteln die einzelnen Bauteile aus dem 12. bis 16. Jahrhundert eine Vorstellung vom Leben der Bewohner. Beeindruckende Schnitzereien und Wandmalereien blieben erhalten. Wer die Anlage durch den Innenhof betritt, dem fällt eine Wandsonnenuhr auf (DGC 2093, N 47°65'/O 8°85'). Sie soll auf einem Stich von David Herrliberger zu erkennen sein. Der Schweizer Kupferstecher und Verleger starb 1777, die Sonnenuhr ist vermutlich schon in der ersten Hälfte des 17. Jahrhunderts entstanden. Der Schattenstab endet in einer Sonne, die Stundenanzeigen sind in arabischen Ziffern von 6 Uhr am Morgen bis 7 Uhr am Abend und in römischen Ziffern von III Uhr nachmittags bis VII Uhr abends angegeben. Aus dem schlicht gestalteten Zifferblatt lassen sich keine Geschichten ablesen. Aber gemessen an dem, was sich in acht Jahrhunderten zu Füßen der Sonnenuhr abgespielt hat, könnte sie viele erzählen!

# USA

## *A Sundial in Denver, Colorado*

Denver (N 39°43'/W 104°59') hat den Spitznamen »Mile High City«, weil es eine Meile über dem Meeresspiegel liegt. Auf einer Stufe der Außentreppe des State Capitol ist die Höhe mit 5434 feet eingemeißelt.

George E. Cranmer (1884–1975) wurde in Denver geboren und war viele Jahre als Manager von Denver's Department of Parks and Improvements tätig. Aus Dankbarkeit für seine Verdienste wurde in seiner Geburtsstadt ein Park nach ihm benannt, für den er 1941 eine Sonnenuhr stiftete. Die Bezeichnung Sundial Park wurde üblich, denn die im Durchmesser fast zwei Meter (6 feet) große Sonnenuhr ist nicht zu übersehen, sie verleitet Vorübergehende zum Betrachten und Kinder zum Klettern am Schattenstab.

Beide Zifferblätter zeigen eine 24-Stunden-Einteilung und sind mit jeweils einem Satz überschrieben:
»IN SUMMER ON THIS SIDE AND – IN WINTER HERE I MARK THE HOURS«.

Obwohl sich die Gestaltung der Zifferblätter an einer antiken chinesischen Sonnenuhr orientiert, stammen die Symbole der Tierkreiszeichen am Fuße der Sonnenuhr aus der westlichen Astrologie. Das Sommerzifferblatt ist mit einer Neigung von 50°17′ äquatorparallel aufgestellt, der Gnomon zeigt in einem Winkel von 39°43′ nach Norden.

Die Anleitung, je nach Datum die Zeit abzulesen, findet sich auf einer im Boden eingelassenen Platte.

Im September 1965 haben Vandalen neben der Sonnenuhr Dynamit gezündet, deshalb wurde nach diesem Anschlag eine Replik hergestellt.

Das Material von Skulptur und Bodenbelag ist roter Sandstein aus den Rocky Mountains, der in Lyons/CO abgebaut wurde. So war auch diese zweite Ausführung nicht von Zerstörung verschont, dieses Mal durch den Zahn der Zeit

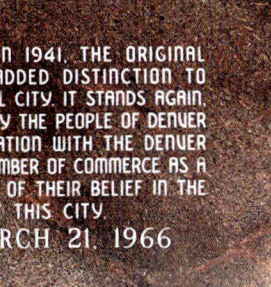

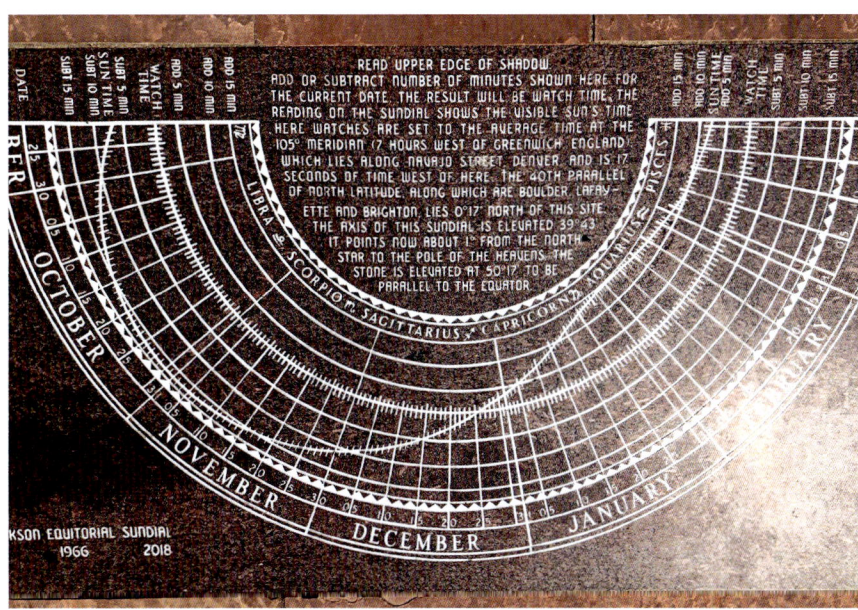

und durch Witterungseinflüsse verursacht. Schäden am Untergrund und an der Sonnenuhr machten eine umfassende Restaurierung notwendig. In einer bewundernswerten Spendenaktion wurden die Gelder dafür von Bürgern und von der Stadt aufgebracht. Anfang Oktober 2018 wurde, zur Freude aller Anwohner und Parkbesucher, die Wiederherstellung der Sonnenuhr mit einem Fest gefeiert.

## Navigators' Sundial in San Francisco/California

Etwa zehntausend Kilometer westlich von uns, vor dem de Young-Museum im Golden Gate Park von San Francisco, steht diese Sonnenuhr (N 37°47′, W 122°25′). Sie wurde 1907 von der National Society of Colonial Dames in California gestiftet und erinnert an die ersten drei europäischen Seefahrer, die im 16. Jahrhundert die Küste Kaliforniens erreichten. Die Mit-

glieder des genannten Vereins stammen von Vorfahren ab, die vor 1750 ins Land kamen, in einer der Kolonien lebten und denen Dank abgestattet wurde für ihre Dienste während der Kolonialzeit. Auf einem steinernen Schaft sitzt eine Schildkröte aus Bronze, die auf ihrem Rückenschild einen halbierten Globus trägt. Dessen Außenhaut zeigt als Relief Länder, im Mittelpunkt Kalifornien.

Die Schnittfläche der Weltkugel bildet das Zifferblatt der Sonnenuhr und hat einen Durchmesser von etwa 75 Zentimetern. An den römischen Ziffern des Zahlenbandes lässt sich die Zeit von 6 Uhr bis 18 Uhr ablesen. Kleinere Strichmarkierungen darüber teilen den jeweiligen Stundenabstand in Viertelstunden auf. Im unteren Teil des Zifferblattes steht der Spruch: Horam sole nolente nego (»Wenn die Sonne nicht scheint, zeige ich die Stunde nicht an«). Unter dem oberen Zifferblattrand sind als Relief die Köpfe der drei Seefahrer abgebildet, die hier geehrt werden und in den Stein des Schaftes ist die Widmung eingemeißelt:

The National Society of Colonial Dames in California
Golden Gate Park October 12/1907
To honour the first three navigators of the California coast
Fortuno Ximenes 1534
Juan de Cabrillo 1542
Sir Francis Drake 1579

# EHEMALIGES VORDERÖSTERREICH

## Habsburgs Spuren an Sonnenuhren

Nicht nur Freiburg und der Breisgau, sondern auch das Elsass gehörten Jahrhunderte lang zu Vorderösterreich. Teile der Schweizer Stammlande der Habsburger gingen schon im 14. Jahrhundert verloren, das Elsass fiel nach dem Dreißigjährigen Krieg an Frankreich. Freiburg und der Breisgau dagegen gehörten, mit zwei kurzen Unterbrechungen, von 1368 bis 1805 zu den österreichischen Vorlanden. So weit weg von Wien sprach man hier von der »Schwanzfeder des Kaiseradlers«, das war auch der Titel einer Ausstellung, die das Land Baden-Württemberg in den Jahren 1999/2000 präsentierte. Heute noch findet sich der österreichische Bindenschild in der Reihe der sechs kleinen Wappen auf dem Großen Landeswappen von Baden-Württemberg.

Erinnerungen an diese Zeit gibt es zahlreiche, angefangen von den steinernen Habsburger Herrschern am Freiburger Historischen Kaufhaus bis hin zu den Kaiserfenstern im Münster. In den beiden Scheiben aus dem Kapellenkranz sind links dargestellt Kaiser Maximilian und rechts sein Sohn Philipp der Schöne. Beide knien vor ihren jeweiligen Patronen, dem heiligen Georg und dem heiligen Andreas. Das Reichswappen ist umgeben von

der Kette des Goldenen Vlies. Die Inschriften lauten:

MAXIMILIANVS D. GR. ROM. IMP. SEMPER AVG HVNGaRIE, DaLMATIE CrOaTiE REX ARChIDVX AVsTRIE DVX BVRGDiE, CoMES TYRrOL.

(»Maximilian von Gottes Gnaden Römischer Kaiser, immer Mehrer, König von Ungarn, Dalmatien, Kroatien, Erzherzog von Österreich, Herzog von Burgund, Graf von Tirol«)

»PHILIPPVS DEI GRACIA HISPANIARVM ET SICILIE REX ARCHIDVX, AVSTRIE DVX BuRGuNDIE COmES TYRLOLIS«

(»Philipp von Gottes Gnaden König der Spanier und Siziliens, Erzherzog von Österreich, Herzog von Burgund, Graf von Tirol«)

In dem Artikel beschränke ich mich auf Spuren der Habsburger Zeit in Verbindung mit Sonnenuhren.

## Sursee/CH

Die Stadt Sursee (N 47°10′, O 8°6′) liegt am Nordwestende des Sempachersees. Herzog Leopold III. hat die Nacht vom 8. auf den 9. Juli 1386 in Sursee verbracht. Am nächsten Tag

ist er in der Schlacht von Sempach gefallen, in der die Eidgenossen das österreichische Heer vernichtend geschlagen haben. Das spätgotische Rathaus von Sursee wurde zwischen 1539 und 1546 gebaut. Die Namen der verschiedenen Räume wie Bürgersaal, Tuchlaube oder Trinkstube zeugen von der ursprünglich vielfältigen Nutzung. Eine Sonnenuhr schmückt die Südwand (DGC 2225). An arabischen und römischen Ziffern ist die Zeit von 4–1 Uhr bzw. IIII–XII Uhr abzulesen. Der Sensenmann hält eine Sanduhr in seinem Handskelett. Zwei Löwen stützen sich auf zwei Wappen, sie halten österreichischen Bindenschild und Kaiserlichen Doppeladler hoch und erinnern damit an die Herrschaft der Habsburger vom 13. Jahrhundert bis 1415.

## Colmar/F

Als Siedlung schon im 9. Jahrhundert erwähnt, wurde Colmar (N 48°5', O 7°21') 1278 durch Rudolf von Habsburg das Stadtrecht verliehen. Im Historischen Kaufhaus, »Koifhus« von den Elsässern genannt, gibt es im Erdgeschoss eine große Halle, in der Waren gelagert und besteuert wurden. Das Obergeschoss war Versammlungsort für die Vertreter der Dekapolis. Zu diesem Bund hatten sich zehn freie elsässische Reichsstädte zusammengeschlossen. Nachdem das Kaufhaus im Laufe der Zeit als Rathaus diente, verschiedene Einrichtungen beherbergte, auch schulische, finden heute darin öffentliche Veranstaltungen statt. Die einzelnen Bauteile stammen aus verschiedenen Epochen. Am ältesten Teil, dem großen Lagerhaus, wurde links oben an der Balustrade eine Pseudo-Sonnenuhr angebracht. Auf Putzresten sind Sonne, Mond und Sterne gemalt und ein Stab ist als horizontaler Schattenwerfer eingefügt. Ziffern und Stundenlinien fehlen jedoch. An derselben Wand prangt über dem Einfahrtstor der Kaiserliche Doppeladler. Ein Engel hält die Tafel mit dem Baudatum: 1480.

## Zarten, Kirchzarten/D

Wenige Kilometer östlich von Freiburg, im Dreisamtal, führt die Bundesstraße 31 an der St. Johanneskapelle vorbei. Sie ist die älteste Kirche im sogenannten Zartener Becken (N 47°97', O 7°94'), der Baubeginn reicht ins 11. Jahrhundert zurück. Beide Patrone, Johannes der Täufer und Johannes der Evangelist, sind im Inneren der Kirche dargestellt, außen wurde in den Jahren 1987–1991 ein Garten mit über einhundert verschiedenen Pflanzen angelegt.

Das Besondere an diesen Pflanzen ist, dass sie einen christlichen Symbolgehalt haben und dass viele von ihnen in mittelalterlichen Bauern- und Klostergärten zu finden waren.

So etwa die Minze, die der Reichenauer Mönch Walahfrid Strabo 827 in seinem Hortulus beschreibt:

»Menta

Nimmer fehle mir auch ein Vorrat gewöhnlicher Minze,
so verschieden nach Sorten und Arten, nach Farben und
Kräften.
Eine nützliche Art soll die raue Stimme, so sagt man,
wieder zu klarem Klang zurückzuführen vermögen,
wenn ein Kranker, den häufige Heiserkeit quälend belästigt,
trinkend einnimmt als Tee ihren Saft mit nüchternem Magen.
Wenn aber einer die Kräfte und Arten und Namen der Minze
samt und sonders zu nennen vermöchte,
so müsste er gleich auch wissen,
wie viele Fische im Roten Meere wohl schwimmen,
oder wie viele Funken Vulkanus,
der Schmelzgott aus Lemnos,
schickt in die Lüfte empor aus den riesigen Essen des
Aetna«.

Neben der Sonnenuhr (DGC 207) an der Südwand der Kapelle
zeigt ein Doppelwappen den österreichischen Bindenschild
und das Wappen der Stadt Freiburg.

## St. Oswald im Höllental / D

Die St. Oswald-Kapelle (N 47°91', O 8°06') liegt im Höllental, gehört politisch zur Gemeinde Breitnau und ist eine der ältesten Kirchen im Hochschwarzwald. Nicht weit entfernt lebten die Herren von Falkenstein. Ehe sie zum Zweiten Kreuzzug aufbrachen, ließen sie 1140 diese Eigenkirche bauen und widmeten sie dem Patron der Kreuzfahrer, dem Heiligen Oswald von Northumbria. Er hat im 7. Jahrhundert als angelsächsischer Kleinkönig gelebt und in seinem Land die Christianisierung gefördert. Gegen Ende des Zweiten Weltkriegs war die nahe gelegene Ravenna-Brücke, ein Viadukt der Höllentalbahn, Ziel alliierter Luftangriffe. Durch diese Bombardierungsversuche wurde die Kapelle beschädigt, das Dach abgedeckt. Das Datum einer umfassenden Renovierung danach ist auf der Sonnenuhr (DGC 8983) an der Südwand festgehalten: 1951. Das Doppelwappen verweist auf Vorderösterreich und auf die Stadt Freiburg.

Wenige hundert Meter weiter taucht ein Abbild der Kapelle in einem Wandgemälde auf, das an den Brautzug Marie Antoinettes erinnert. Anfang Mai 1770 zog die vierzehnjährige Prinzessin hier vorbei, um den späteren Ludwig XVI. von Frankreich zu heiraten.

# GLOSSAR

Analemma: (griech.) das Aufgerichtete

Analemmatische Sonnenuhr: Sonnenuhr mit lotrechtem, verschiebbarem Zeiger (kann auch ein Mensch sein)

Gnomon: Zeiger, Schattenwerfer

MEZ: Mitteleuropäische Zeit, gesetzliche Zeit, mittlere Ortszeit des 15. Längengrades Ost

WOZ: Wahre Ortszeit, die dem Sonnenstand entspricht

MOZ: Mittlere Ortszeit, unterscheidet sich von der Wahren Ortszeit um die Werte der Zeitgleichung

Babylonische Stunden: in 24 Stunden aufgeteilter Tag von Sonnenaufgang bis Sonnenaufgang

Italische Stunden: 24-Stunden-Aufteilung des Tages von Sonnenuntergang bis Sonnenuntergang

Zeitgleichung: Unterschied zwischen dem tatsächlichen unregelmäßigen Gang der Sonne im Laufe eines Jahres und der Mittleren Zeit aus einem angenommenen gleichmäßigen Gang der Sonne

Chronogramm: hier: Inschrift in lateinischer Sprache, in der Großbuchstaben auch als römische Zahlzeichen gelesen werden können, die in ihrer Summe eine Jahreszahl angeben

Trompe-l'œil-Malerei: (»täusche das Auge«) täuscht Dreidimensionalität vor

# LITERATUR

Arnold Zenkert: Faszination Sonnenuhr, Harri Deutsch Verlag

Heinz Schumacher: Bernau – Sonnenuhrendorf im Hans-Thoma-Tal auf der Südterrasse des Schwarzwaldes, 1985.

Hermann Brommer: Bauleute und Künstler am Dombau der Benediktinerabtei; in der Festschrift St. Blasien – 200 Jahre Kloster- und Pfarrkirche, 1983.

Die Vaterunserkapelle, Herder-Verlag, 1969, Privatdruck.

Physiologus, Werner-Dausien-Verlag.

Hervé Staub: Les Horloges Silencieuses d'Alsace, Editions Coprur Strassbourg 2000.

Reclams Lexikon der Heiligen und der biblischen Gestalten, Verlag Reclam Stuttgart.

Josef H. Biller/Hans-Peter Rasp: München Kunst und Kultur, Ludwig-Verlag, Baedeker München.

Herder Lexikon Griechische und Römische Mythologie.

Pater Gregor Helms: Eine außergewöhnliche Sonnenuhr, Stephania-Jahrbuch Nr. 58, Dezember 1986.

Abt Benedikt Knittel und das Kloster Schöntal als literarisches Denkmal (Marbacher Magazin, 50) Verlag: Marbach, Deutsche Schillergesellschaft, 1989.

Jakob Messerli: Gleichmäßig, pünktlich, schnell.

# FOTONACHWEIS

Peter Jacobs: Bilder Seite 10–15, 82–85
Karl Maier: 16, 17
Österreichische Nationalbibliothek Wien: 19
Karl Braun: 23, 25
Annette Frank: 26, 27, 80 (Mitte), 80 (unten), 81, 99–101, 144, 145
Heinrich Reichle 38/39 (Zeichnung)
Wolfgang Schneider: 50
Dr. Ursula Sütterle: 58, 60 (oben)
Ute Ites: 64 (unten), 66, 67
Erzbischöfliches Ordinariat Freiburg i.Br., Bildarchiv, Aufnahme
Christoph Hoppe: 70
Walter Blattau: 78
Sara Frank: 79, 80 (oben)
Manfred Emmerich: 91
Willy Bachmann: 94 (unten), 95
Michael Jäger: 96, 98 (Mitte links), 98 (Mitte rechts)
Justacote/cjp95: 98 (unten)
Michel Lalos: 102–104
Hugel & Fils: 109
Studio: Foto Mario di Tiene Alessandro: 110, 112–118, 119 (oben links), 119 (oben rechts)
Hotel Elephant Brixen: 121
Werner Kästle: 128/129, 129
Josef Ruetz: 130
Elisabeth Diesch: 132, 133
Musée Unterlinden, Colmar: 138 (oben)
Przemysław Martin Jaskurzyński: 138 (unten), 139
Geoff Fox: 146, 147
Peter Zluhan: 152
Renate Frank: alle übrigen Bilder